普通高等院校规划教材

食品工艺学实验教程

主　编　吴进菊
副主编　刘传菊　张媛媛　赵慧君

西南交通大学出版社
·成都·

图书在版编目（CIP）数据

食品工艺学实验教程／吴进菊主编. —成都：西
南交通大学出版社，2016.11
普通高等院校规划教材
ISBN 978-7-5643-5139-7

Ⅰ. ①食… Ⅱ. ①吴… Ⅲ. ①食品工艺学－实验－高
等学校－教材 Ⅳ. ①TS201.1-33

中国版本图书馆 CIP 数据核字（2016）第 283514 号

普通高等院校规划教材

食品工艺学实验教程

主编　吴进菊

| 责 任 编 辑 | 牛　君 |
| 封 面 设 计 | 何东琳设计工作室 |

出 版 发 行	西南交通大学出版社 （四川省成都市二环路北一段 111 号 西南交通大学创新大厦 21 楼）
发 行 部 电 话	028-87600564　028-87600533
邮 政 编 码	610031
网　　　　址	http://www.xnjdcbs.com
印　　　　刷	四川森林印务有限责任公司
成 品 尺 寸	170 mm×230 mm
印　　　　张	11.25
字　　　　数	200 千
版　　　　次	2016 年 11 月第 1 版
印　　　　次	2016 年 11 月第 1 次
书　　　　号	ISBN 978-7-5643-5139-7
定　　　　价	26.00 元

课件咨询电话：028-87600533
图书如有印装质量问题　本社负责退换

《食品工艺学实验教程》
编委会

主　编　吴进菊（湖北文理学院）

副主编　（按姓氏拼音排序）

　　　　刘传菊（湖北文理学院）

　　　　张媛媛（石家庄学院）

　　　　赵慧君（湖北文理学院）

编　委　（按姓氏拼音排序）

　　　　陈卫平（江西农业大学）

　　　　丁广辉（正大食品襄阳有限公司）

　　　　郭壮（湖北文理学院）

　　　　李云捷（湖北文理学院）

　　　　汤尚文（湖北文理学院）

　　　　吴飞远（湖北香园食品有限公司）

　　　　于博（湖北文理学院）

　　　　余海忠（湖北文理学院）

　　　　张彬（石家庄学院）

　　　　张丽芬（河南工业大学）

PREFACE
前　言

　　食品工艺学实验是食品科学与工程、食品质量与安全等专业的必修课程之一，大多数本科院校将其作为一门独立的实践教学课程开设。目前，全国高校中开设食品科学与工程专业的有 200 多所，开设食品质量与安全的有几十所，专业理论教学的教材选择比较集中，但实践性教材由于地域特点和实验教学平台建设有很大差别，因此很难有一本符合大多数高校要求的教材。另外，现有的食品工艺学实验教材大多根据加工的原材料不同进行分类编写，而食品工艺学理论教材大多根据加工的原理进行分章编写，两者不统一。因此，我们联合了湖北文理学院、江西农业大学、河南工业大学、石家庄学院、正大食品襄阳有限公司、湖北香园食品有限公司等多所高校和企业，编写了本教材。

　　本教材共七章，包括干制食品加工实验、罐藏食品加工实验、发酵食品加工实验、腌制食品加工实验、冷冻食品加工实验、焙烤食品加工实验、膨化食品加工实验。我们根据多年来在实践教学方面的积累和教研、科研成果，以及相关企业在此方面的实践经验，参考国内外相关方面的资料和文献，编写了本实验教材。本教材通俗易懂，可操作性强，可作为高等院校、专科院校、职业技术学校相关专业的实验教材和参考书，也可作为食品加工领域从事科学研究和食品生产企业技术人员的学习参考资料。

　　限于编者的知识水平和实践经验，书中难免有错漏和不当之处，敬请各位同仁、专家和广大读者批评指正。

编　者

2016 年 6 月

CONTENTS

目　录

第一章

干制食品加工实验

实验一　肉干的加工

一、实验目的

（1）了解肉干的加工过程。

（2）熟悉加工设备的使用。

二、实验原理

肉干主要是以猪肉、牛肉等为主要原料，经水煮、配料、复煮、烘烤等流程加工制作而成的。干制是通过烘制减少肉类含水量、延长保存期的一种方法。

三、实验原料及设备

1. 实验原料

猪肉、牛肉、精盐、酱油、白砂糖、生姜、小茴香、八角、陈皮、五香粉、葱、味精。

2. 实验设备

剥皮刀、炉灶、锅、锅铲、砧板、簸箕等。

四、实验方法与步骤

1. 工艺流程

原料肉的选择与处理→水煮→配料→复煮→烘烤→包装和贮藏。

2. 操作要点

（1）原料肉的选择与处理：多选用新鲜的猪肉和牛肉，以前后腿的瘦肉为佳。先将原料肉的脂肪和筋腱剔去，然后洗净沥干，切成 0.5 kg 左右的肉块。

（2）水煮：将肉块放入锅中，用清水煮开后撇去肉汤上的浮沫，浸烫 20～30 min，使肉发硬，然后捞出切成 1.5 cm³ 的肉丁或切成 0.5 cm×2.0 cm×4.0 cm 的肉片，原汤待用。

（3）配料（五香肉干）：三种配方，按 100 kg 瘦肉计算，配料表见表 1-1。

表 1-1　肉干配料表

单位：kg

种类	食盐	酱油	五香粉	白砂糖	黄酒	生姜	葱
1	2.5	5.0	0.25	—	—	—	—
2	3.0	6.0	0.15	—	—	—	—
3	2.0	6.0	0.25	8.0	1.0	0.25	0.25

注：如无五香粉，可将茴香、陈皮及肉桂适量包扎在纱布内，然后放入锅中与肉同煮。

（4）复煮：又叫红烧。取原汤的一部分，加入配料，用大火煮开。当汤有香味时，改用小火，并将肉丁或肉片放入锅中，用锅铲不断轻轻翻动，煮至汤汁将干时，将肉取出。

（5）烘烤：将肉丁或肉片铺在铁丝网上，控制温度为 80～90 ℃ 烘烤 1 h（要经常翻动，以防烤焦），烤到肉发硬发干，将烘烤温度降至 50～60 ℃，待味道芳香时即成肉干。

牛肉干的成品率为 50% 左右，猪肉干的成品率为 45% 左右。

（6）包装和贮藏：肉干先用纸袋包装，再烘烤 1 h，可以防止发霉变质，及延长保存期。如果装入玻璃瓶或马口铁罐中，可保藏 3～5 个月。若肉干受潮发软，可再次烘烤，但滋味较差。

五、实验结果与分析

对产品进行感官品评。

六、思考题

（1）如何提高传统肉干制品的质量？

（2）采用烘烤、炒制、油炸等不同方法制作的的肉干成品在成品率、风味上有何不同？

（3）评价所做肉干的质量，分析实验结果。

实验二　肉松的加工

一、实验目的

（1）了解肉松的加工过程，掌握肉松的加工方法。
（2）熟悉肉松加工设备的使用。

二、实验原理

肉松是指瘦肉经煮制、撇油、调味、收汤、炒松、干燥或加入植物油或五谷粉炒制而成的，肌肉纤维蓬松呈絮状或团粒状的干熟肉制品。在产品分类上，不加入食用植物油也不加入谷物粉的产品称为肉松，其他的分别称为油酥肉松或肉松粉。肉松风味香浓、体积小、质量轻，贮藏期长。根据水分活度（A_w）与微生物的关系，肉松在加工过程中经过炒松，水分含量降低，水分活度会降到 0.7 以下，可抑制大多数细菌、酵母菌、霉菌和嗜盐性细菌的繁殖，从而延长肉松的保质期。

三、实验原料及设备

1. 实验原料

猪肉、脱皮整粒芝麻、色拉油、精盐、肉松专用粉、混合香料、白砂糖、味精等。

2. 实验设备

煮制锅、拉丝机、炒松机等。

四、实验方法与步骤

1. 工艺流程

原料肉选择→原料肉处理→煮肉→成熟→冷却包装

2. 操作要点

（1）原料肉的选择和处理：选用瘦肉多的后腿肌肉为原料，先剔除骨、皮、脂肪、筋腱，再将瘦肉切成边长 3～4 cm 的方块。

注意：结缔组织一定要彻底剔除，否则加热过程中胶原蛋白会水解，导致成品粘结成团状而不能呈良好的蓬松状。

（2）配方：猪瘦肉 100 kg，高度白酒 1.0 kg，精盐 1.67 kg，大茴香 0.38 kg，酱油 7.0 kg，生姜 0.28 kg，白砂糖 11.11 kg，味精 0.17 kg。

（3）煮肉：将切好的瘦肉块和生姜、香料（用纱布包起）放入锅中，加入与肉等量的水，按以下三个阶段进行：

① 肉烂期（大火期）：用大火煮，直到瘦肉煮烂为止，大约需要 4 h。煮肉期间要不断加水，以防煮干，并撇去上浮的油沫。用筷子夹住肉块，稍加压力，如果肉纤维自行分离，可认为肉已煮烂。这时可将其他调味料全部加入，继续煮肉，直到汤煮干为止。

注意：煮沸结束后须将油沫撇净，这对保证产品质量至关重要，若浮油去除不净，肉松不易炒干，炒松时容易糊锅，成品颜色发黑。另外，煮制时间和加水量视情况而定，肉不能煮的过烂，否则成品绒丝短碎。

② 炒压期（中火期）：取出生姜和香料，采用中等压力，用锅铲一边压散肉块，一边翻炒。

注意：炒压要适时，因为过早炒压功效很低，而炒压过迟，肉太烂容易粘锅炒糊，造成损失。

③ 成熟期（小火期）：用小火勤炒勤翻，操作轻而均匀。当肉块全部炒松散和炒干时，颜色即由灰棕色变为金黄色，成为具有特殊香味的肉松。

注意：肉松中由于含糖较多，容易塌底起焦，故炒肉松时需要控制好火力。

（4）冷却包装：出锅的肉松置于成品冷却间冷却，冷却间要求卫生条件好。冷却后立即包装。一般采用铝箔或复合透明袋包装。

五、实验结果与分析

对炒制的肉松进行质量评价：

（1）感官指标：肉松呈金黄色或淡黄色，带有光泽，絮状，纤维疏松，香味浓郁，无异味臭味，嚼后无渣，成品中无焦斑、脆骨、筋膜及其他杂质。

（2）理化指标：水分含量≤20%。

（3）评价方法：按照 GB/T 23968—2009 进行评价。

六、思考题

（1）煮肉时撇去浮油对产品最终质量有什么影响？
（2）详述实验中肉块转成蓬松状态的过程。
（3）说明肉松耐贮藏的原因。

实验三　肉脯的加工

一、实验目的

（1）掌握肉脯制作的一般流程及过程控制。

（2）学习使用制作肉脯的设备。

二、实验原理

肉脯指的是闽南、潮汕地区制作的一种呈红色的休闲猪肉制品，该产品拆袋后即可食用，味道鲜美，是饮茶时的一种休闲食品。肉脯是经过烘干的干肉制品，与肉干不同之处是不经过煮制，多为片状。肉脯的品种很多，但加工过程基本相同，只是配料不同，各有特色。

三、实验原料及设备

1. 实验原料

鲜猪肉、白砂糖、酱油、味精、白酒。

2. 实验设备

切片机、电热鼓风干燥箱、远红外食品烤箱。

四、实验方法与步骤

1. 工艺流程

原料肉选择→修整→冷却→切片→调味→贴肉→烘干→烤熟→冷却→包装

2. 靖江猪肉脯操作要点

（1）原料肉的选择与修制：选猪后腿瘦肉，剔除骨、脂肪、筋膜，然后装入膜中，送入急冻间冷冻至中心温度为-0.2 ℃，出冷冻间，将肉切成

12 cm ×8 cm×1 cm 的肉片。

（2）配方：瘦肉 50 kg、白砂糖 6.75 kg、酱油 4.25 kg、胡椒 0.05 kg、鸡蛋 1.5 kg、味精 0.25 kg。

（3）混合：肉片与配料充分配合，搅拌均匀，腌制一段时间，使调味料被吸收到肉片内，然后把肉片平摆在筛上。

（4）烘干：将装有肉片的筛网放入烘烤房内，温度为 65 ℃，烘烤 5～6 h 后取出冷却。

（5）烤熟：把烘干的半成品放入高温烘烤炉内，炉温为 150 ℃，使肉片烘出油，呈棕红色。烘熟后的肉片用压平机压平，即为成品。

（6）感官评价。

3. 天津牛肉脯操作要点

（1）配方：牛瘦肉 50 kg、精盐 0.75 kg、白砂糖 6 kg、酱油 2.5 kg、姜 1 kg、味精 0.1 kg、白酒 1 kg、安息香酸钠 0.1kg。

（2）加工工艺：肉片与配料搅拌均匀，腌制 12 h，烘烤 3～4 h 即为成品。

4. 上海肉脯操作要点

（1）配方：鲜猪肉 125 kg、硝酸钠 0.25 kg、精盐 2.5 kg、酱油 10 kg、白砂糖 8.7 kg、香料 0.5 kg、曲酒（60°）2.5 kg、小苏打 0.75 kg。

（2）加工工艺：加工工艺与靖江猪肉脯相同。

肉脯的保存问题：肉脯在售卖过程中常会出现霉变现象，这通常是由于水分控制没有达到要求。通过添加三梨糖醇，可以在肉脯含水量较大的情况下保持其在一定时间内不发生霉变。另外，采用真空包装也可以延长保质期。

五、实验结果与分析

感官评价，应该符合表 1-2 的规定。

表 1-2　肉脯的感官评价

项目	肉脯的感官评价
形态	片型规则整齐，薄厚基本均匀，可见肌纹，允许有少量脂肪析出及微小空洞，无焦片、生片
色泽	呈棕红、深红、暗红色，色泽均匀，油润有光泽
滋味与气味	滋味鲜美，醇厚，甜咸适中，香味纯正，具有该产品特有的风味
杂质	无肉眼可见杂质

六、思考题

（1）肉脯制作的原理及特点是什么？

（2）采用烘烤、炒制、油炸等不同方法所制的肉制品，在成品率、风味上有何不同？

实验四　热风干燥蔬菜的加工

一、实验目的

（1）了解热风干燥方法与设备。

（2）掌握食品干制的一般过程。

二、实验原理

水分活度（A_w）是指溶液中水蒸气分压与相同温度下纯水的蒸气压之比。水分活度值对食品保藏具有重要意义，食品水分活度不同，其保藏稳定性也不同。当食品水分活度低于某一临界值时，食品中绝大多数微生物无法生长，酶的构象改变，底物的可移动性减弱，化学反应变慢，品质劣变速率受到控制，保质期得以延长。热风干燥是以加热空气为干燥介质，使热空气与被干燥食品进行热交换，通过湿热转移，促使物料中的水分不断蒸发，水分活度下降，从而达到干制的目的。干制技术因其制品体积小、质量轻、便于运输、保质期长等优点，在果蔬加工、肉制品加工、水产品加工中被广泛应用。

三、实验原料及设备

1. 实验原料

胡萝卜、氯化钠（AR）、硝酸银（AR）、铬酸钾（AR）。

2. 实验设备

水果刀、电热恒温鼓风干燥箱、电子天平、电热恒温水浴锅、质构仪、电磁炉或燃气灶、不锈钢盆、不锈钢锅等。

四、实验方法与步骤

1. 工艺流程

清洗胡萝卜→切分→热烫→酶活性检验→干制→干制品复水→产品的品质评价

2. 操作要点

（1）清洗：选用新鲜胡萝卜，用自来水清洗，去除不可食用部分。

（2）切分：把洗净的胡萝卜切成 1.5 cm×1.5 cm×1.5 cm 的块状。

（3）热烫：把切分好的胡萝卜分成两份，一份作为对照，不热烫；一份用清水热烫（水沸腾后热烫 3 ~ 5 min）。

（4）酶活性检验：用愈创木酚或联苯胺指示溶液+双氧水检查酶的活性，如果有变色，说明酶没有完全失活，可适当延长热烫时间，再次检验，直至无变色现象，确定最佳热烫时间。

（5）干制：将待干燥物料平铺在竹筛上，放入干燥箱内。开始干燥时的温度为 65 °C，每隔 2 h 翻动一次物料，并调换竹筛在干燥箱内的上下位置。待物料干燥至半干状态时，可将干燥箱温度降低至 60 °C。干燥时间根据物料感官状态而定。干燥结束后，取出物料冷却至室温，称量，用保鲜袋装好。

（6）干制品复水：称取一定质量（1 ~ 10 g）的胡萝卜干放入 1 L 的烧杯中，加入 500 mL 50 °C 的热水，在恒温条件下进行复水，每隔 0.5 ~ 1 h 取出沥干后称量，直至质量基本无变化。

（7）产品的品质评价：

① 干燥比、复水比的计算：根据新鲜原料质量及干制品质量，计算出干燥比；根据复水用干制品质量及复水后质量，计算出复水比。比较不同预处理对干燥比、复水比的影响。

② 复水曲线的绘制：根据复水期间样品质量变化与时间的关系，绘制复水曲线。

③ 感官评价：观察和描述干制品的色泽、软硬程度、形态变化（如体积收缩程度）等。

五、实验结果与分析

相关实验结果及分析见表 1-3：

表 1-3　热风干燥蔬菜实验结果及分析

检验项目	结果
感官评价 干制过程中质量、体积变化 干燥比、复水比 平均干燥速率 食品干制曲线绘制	
主要结论	
问题分析	

六、思考题

（1）产品厚度、干燥介质温度、空气流速对干燥速率有什么影响？

（2）干燥后期产品干燥速率有何变化？

（3）干燥速率对产品质量有何影响？

实验五 喷雾干燥蛋粉的加工

一、实验目的

（1）了解蛋白加工原理。

（2）掌握蛋粉的加工工艺流程及操作要点。

（3）了解蛋粉的质量评定标准。

二、实验原理

蛋粉是指鲜蛋经过打蛋、分离、过滤、脱糖、巴氏杀菌、喷雾干燥除去其中水分而制得的粉末状食用蛋制品，含水量为 4.5% 左右。蛋粉产品包括全蛋粉、蛋黄粉、蛋白粉以及高功能性蛋粉。蛋粉不仅很好地保持了鸡蛋应有的营养成分，而且具有使用方便、卫生，易于储存和运输等特点，广泛应用于糕点、肉制品、冰淇淋等产品中。

三、实验原料及设备

1. 实验原料

鲜鸡蛋、氢氧化钠、过氧化氢、葡萄糖氧化酶等。

2. 实验设备

过滤设备、加热器、喷雾干燥机、筛分机等。

四、实验方法与步骤

1. 工艺流程

鸡蛋预处理→取蛋液→搅拌、过滤→脱糖→杀菌→喷雾干燥→冷却、筛粉→包装→成品贮藏

2. 操作要点

（1）鸡蛋预处理：选用质量合格的鲜蛋，剔除次蛋、劣蛋、破损蛋；洗

去蛋壳表面沾染的菌类和污物，然后用清水将蛋洗净并晾干；晾干后的鲜蛋放入氢氧化钠溶液中浸渍，消毒后取出再晾干。

（2）打蛋、搅拌、过滤：打蛋取蛋液，搅拌过滤，以除去蛋液中的碎蛋壳、蛋黄膜等，并使蛋液组织状态均匀一致。

（3）脱糖：调整全蛋液 pH 至 7.0～7.3，然后加入 0.01%～0.04% 的葡萄糖氧化酶，同时加入占蛋液量 0.35% 的 7% 过氧化氢，以后每小时加入同等量的过氧化氢，脱糖温度为 30 ℃，4 h 内即可脱糖完毕。

（4）杀菌：蛋液脱糖后应立即进行杀菌。采用的杀菌条件为 64～65 ℃，3 min。

（5）喷雾干燥：杀菌后的蛋液如果黏度大，可添加少量无菌水，充分搅拌均匀，再进行喷雾干燥。在喷雾干燥前，所有使用的工具设备必须严格消毒，由加热装置提供的热风温度以 80 ℃ 左右为宜。温度过高，蛋粉会有焦味，溶解度下降；温度过低，蛋液脱水不净，含水量过高。

（6）冷却、筛粉：喷雾干燥后应立即进行筛粉，筛粉的目的是将粗粉和细粉混合均匀，并除去蛋白中的杂质和粗大颗粒，使蛋粉均匀一致。筛粉的同时达到冷却的目的。

（7）包装、贮藏：包装室应对空气采取调湿降温措施，室温一般控制在 20～25 ℃，空气相对湿度以 75% 为宜。长期贮藏可采用马口铁真空充氮包装，短期贮藏则多采用聚乙烯塑料袋包装。

五、实验结果与分析

实验结束后，对产品进行品评，结果填入表 1-4 中。

（1）感官指标：巴氏杀菌全蛋粉应呈粉末状或极易松散的块状，颜色呈均匀淡黄色，具有全蛋粉的正常气味，无异味，无杂质。

（2）理化指标：水分含量 ≤4.5%，脂肪含量 ≥42%，游离脂肪酸含量 ≤4.5%。

表 1-4　品评结果

检验项目	品评结果
感官指标 理化指标 　水分含量 　脂肪含量 游离脂肪酸含量	
主要结论 问题分析	

六、思考题

（1）蛋粉加工中为什么要脱糖？除本实验所提到的脱糖方法外，还可采用哪些方法脱糖？

（2）在脱糖过程中为何不断加入过氧化氢？

（3）在食品工业中，干蛋粉有哪些应用？

实验六　冷冻干燥果蔬的加工

一、实验目的

（1）了解水的三相点及食品冷冻干燥的基本原理。
（2）了解冷冻干燥设备及其操作、使用方法。
（3）掌握食品冷冻干燥加工工艺。

二、实验原理

冷冻干燥又称真空冷冻干燥，是将湿物料或溶液在较低温度（-50 ℃ ~ -10 ℃）条件下冻结成固态，然后在真空条件下使其水分直接升华成气态，最终使物料脱水的干燥技术。

水的三种聚集态（称相态）即固态、液态和气态在一定条件下相互转化，随着压力不断降低，冰点变化不大，而沸点则越来越低，越来越靠近冰点。当压力下降到某一值时，沸点与冰点重合，固态冰就可以不经液态而直接转化为气态，这时的压力称为三相点压力，相应温度称为三相点温度。水的三相点压力为 610.5 Pa，三相点温度为 0.0098 ℃。根据这个原理，可以先将食品的湿原料冻结至冰点以下，使原料中的水分变为固态冰，然后在适当的真空环境下，将冰直接转化为水蒸气而除去，再用真空系统中的水汽凝结器将水蒸气冷凝，从而使物料得到干燥。因此，冷冻干燥的基本原理是在低温下传热、传质。

三、实验原料及设备

1. 实验原料

菠菜、香菜。

2. 实验设备

冷冻干燥机、真空包装机、电子天平、低温冰箱等。

四、实验方法与步骤

1. 工艺流程

原料预处理→预冻结→升华干燥→解吸干燥→包装

2. 操作要点

（1）预处理：在冻干前，将摘洗干净、沥净水分的菠菜和香菜置于 2 g/L 的柠檬酸溶液中浸泡 2~3 min，然后准备预冻。

（2）预冻结：预冻温度低于菠菜和香菜共晶点的温度才能冻结，否则会出现鼓泡和干缩现象。菠菜共晶点的温度为-7~-2 ℃，香菜共晶点温度为-8~-3 ℃。菠菜应先放到-15 ℃ 的冰柜内，然后再继续降温到-30 ℃。香菜应先放到-20 ℃ 的冰柜内，然后再继续降温到-40 ℃。达到预冻温度后，需在此温度下保持 1~2 h，而不是立即进行升华干燥，这样可以使物料冻透。

（3）升华干燥：兼顾传热、传质过程，菠菜冻干压力为 30~60 Pa 比较合适，香菜冻干压力为 20~50 Pa 比较合适。菠菜升华干燥时间为 5~6 h，香菜升华干燥时间为 3~4 h。

（4）解吸干燥：主要目的是除去残留的吸附水。由于干燥层的阻力很大，吸附水逸出很困难，需要较高的温度和真空度。香草解吸干燥的适宜温度为 15~20 ℃，菠菜解吸干燥的适宜温度为 30~35 ℃。

（5）包装：冻干后的菠菜和香菜疏松多孔，极易吸湿氧化，去除空气后应及时包装。冻干后的产品采用塑料袋真空包装。

五、实验结果与分析

实验结束后，对冷冻干燥果蔬进行品质评价，结果填入表1-5中

（1）复水率：将干燥后的物料样品分别称量后，放入常温水中浸泡 10 min 后取出，分别称量，再重复上述过程，分别得出在常温水条件下 10 min，20 min，30 min 时的复水率，直至两次称量的质量相差不超过 0.1 g，基本上认为样品不再吸水。

复水率（%）=干制品吸水后沥干质量/干制品试样质量×100%

（2）升华速率：实验时，将预冻后的材料称量，放入冻干室隔板上，封闭密封盖，启动真空泵，设定隔板温度，记录起始时间。当达到实验设计时间时，解除真空，迅速取出材料称量，通过下式计算平均升华速率（SR）。

$$SR=(m_0-m_t)/VT$$

式中　m_0，m_t——分别为升华前和实验结束时材料的质量，g；

　　　　V——材料的总体积，mL；

　　　　T——升华时间，min。

（3）体积收缩率，按下式计算

$$\delta/（\%）=(V_0-V_i)/V_0×100\%$$

式中　δ——体积收缩率，%；

　　　　V_0——湿物料体积，mL；

　　　　V_i——干燥后物料体积，mL。

表 1-5　冷冻干燥蔬果的品质评价

检验项目	结果
复水率	
菠菜	
香菜	
升华速率	
菠菜	
香菜	
体积收缩率	
菠菜	
香菜	
主要结论	
问题分析	

六、思考题

（1）影响冷冻干燥速率的主要因素有哪些？

（2）如何加快冷冻干燥进程？

（3）隔板温度对冻干时间有何影响？

（4）冷冻干燥方法有何突出优势？又有何局限性？

实验七　微波干燥苹果片的加工

一、实验目的

（1）掌握微波膨化苹果片的加工方法、关键技术和设备。

（2）利用微波干燥技术干燥果蔬原料。

（3）掌握微波加工技术及其合理的利用。

二、实验原理

微波加热技术既干燥又膨化，微波加热的原理基于微波与物质分子相互作用被吸收而产生的热效应。果蔬原料含水量高，水为吸收介质，微波在水中传播时会显著地被吸收而产生热量，所以用微波技术加工果蔬，产品不仅复水性好，而且能很好地保持原有色泽，同时又不会改变食品品质和风味。膨化苹果片的加工，采用加热干燥使物料的含水量达到 15%~20%，然后再用微波加热，由于微波加热速度快，物料内部气体温度急剧上升，而传质速率慢，受热气体处于高度受压状态而有膨化的趋势，达到一定的压强时，物料就会发生膨化。

三、实验原料及设备

1. 实验原料

苹果、维生素 C、柠檬酸、氯化钠。

2. 实验设备

不锈钢盆、不锈钢锅、电磁炉、去皮机/不锈钢刀具、切片机/不锈钢刀具、电热鼓风干燥箱、微波炉、真空干燥箱、天平、托盘台秤、糖度计等。

四、实验方法与步骤

1. 工艺流程

原料验收→分拣、清洗→去皮、去核、切分→分选、修整→护色→气流

干燥→微波膨化（MD）→真空干燥→分选→包装

2. 操作要点

（1）原料品种要求：应选择糖分较高（以折光仪 8~10°Brix）、糖酸比适中、口感甜脆、不易褐变、水分适中（86%~88%）、耐贮存的品种，如红富士、国光等。另外原料应大小均匀、果形整齐，成熟度适中（8成左右）、无病虫害、无内外伤。

（2）验收：对原料的感官指标及糖分、水分进行验收，感官验收按 0.5%~3%进行抽样检查，糖度指标采用折射仪快速测定，水分指标也用快速检测仪测定。

（3）分拣、清洗：将原料进行分拣，剔除霉烂、病虫、畸形果，并按大小进行分级。分选后的原料按大小级别分别采用清洗机进行清洗，去除表面泥土和附着物。

（4）去皮、去核、切分：经过清洗后的原料用相应的工具或机械进行去皮，去皮厚度要均匀，尽可能控制在 1 mm 左右，去皮后的苹果如不能及时转入下一道工序，则投入护色液中，以防褐变。去完皮的苹果再去核，去核应根据苹果大小采用相应的去核工具进行去核，既要保证彻底去核，又要尽量减少果肉损失。去核后的苹果要立即切分，否则应投入护色液中。切分应根据要求的形状（如苹果圈、月牙形片、苹果瓣等）、厚度（一般 6~8 mm）等规格，用手工或相应的机械进行切分。去皮、去核、切分所用的刀具必须是用不锈钢制成的。

（5）分选、修正：切分后的苹果片要及时分选，去除断片、碎片、严重褐变、厚薄不均等不合格品。对局部有斑点、带皮、含核粒等苹果片用不锈钢小刀进行修整去除，以保证全部合格品进入下一道工序。

（6）护色：经切分、分选、修正后的苹果片要及时进行护色。护色液配方为：0.3%维生素 C+0.2%柠檬酸+1.0%氯化钠。护色时间为 0.5~1 h。护色液与物料的比例为 1.5∶1，并保证所有物料都浸泡在护色液中，否则应加盖压物（如不锈钢筛、塑料网盘等）。

（7）气流干燥：将经过护色后的苹果片捞出后装框，用自来水清洗表面的护色液后及时装筛，装筛时必须单层均匀摆放，不可重叠。将装好筛的苹果片置于电热鼓风干燥箱中，在 65~70 ℃ 恒温条件下进行干燥。干燥终点是以物料含水量为标准确定的，本阶段的最终含水量要求控制在 20%~25%，时间需 1.5~2 h。经过气流干燥后的物料由于上下层及每一层不同部位之间存在差别，苹果片的水分不完全一致，因此要进行水分平衡处理。处理方法：将上述干燥好的苹果片迅速装入密闭容器内，使片与片之间的水分逐步达到平衡一致。

（8）微波干燥：将经过水分平衡后的苹果片进行微波干燥。微波干燥的主要目的是通过微波的作用使苹果片产生一定的膨化效果，同时也起到干燥脱水作用。

微波功率应严格控制，不同物料所需的参数不同，应通过不断调试加以确定，以最终实现理想的膨化效果又不导致物料烤焦（产生糊味）为准。一般来说微波干燥时间为 3 ~ 5 min，通过微波干燥，使物料水分下降 5% ~ 10%，最终含水率为 10% ~ 15%。

经微波干燥后的苹果片要进行分选，剔除烤焦、碎片、严重变形等不合格片，剩余的合格品及时进入下一道工序（真空干燥）。

（9）真空干燥：经过微波干燥并分选后的苹果片要及时进行真空干燥。进行真空干燥时应先将物料均匀地摆放在烘盘上，厚度为 2 ~ 3 cm，然后把烘盘放入烘箱的每一层中，放置烘盘时按先上后下的顺序，放置烘盘的速度要快，尽量一次放完，然后关闭箱门，启动真空泵并加热干燥。

真空干燥温度控制在 50 ~ 55 ℃，真空度不低于 0.8 MPa，可设置每隔 0.5 h自动破真空，以保持苹果片的膨化效果。

真空干燥终点控制以物料含水率 3% ~ 5% 为准，具体干燥时间应通过不断实验及目测法加以确定，以苹果片冷却后酥脆为基本判断依据。一般来说，苹果片的真空干燥时间为 2 ~ 3 h。

（10）分选、包装：从真空干燥箱出来的苹果片要及时进行分选，不允许长时间暴露在空气中（不宜超过 30 min），以防回潮。

五、实验结果与分析

对微波膨化苹果片的评定有出品率、色泽、形状、口感、风味等指标，此外还包括含水量、重金属及微生物的测定。

$$含水量（\%）=(m_0-m_g)/m_0 \times 100\%$$

$$干燥速率=\Delta m/\Delta t$$

式中　　m_g——干物质质量，g；

m_0——物料初始质量，g；

Δm——相邻两次测量的失水质量，g；

Δt——相邻两次测量的时间间隔。

六、思考题

（1）膨化苹果片在干燥时发生膨化的原理是什么？

（2）苹果片为什么要护色？

（3）除了微波功率、时间外，还有哪些因素影响干燥速率及产品品质？

实验八　喷雾干燥综合设计实验

一、实验目的

（1）掌握喷雾干燥的原理、流程和设备。

（2）熟悉喷雾干燥的特点及应用范围。

（3）了解喷雾干燥的关键部件。

（4）掌握根据物料的特性选择合适的喷雾干燥工艺条件，获得合格的产品。

二、实验材料

1. 供试材料

山药。

2. 实验试剂

淀粉酶、蛋白酶、盐酸、氢氧化钠。

3. 仪器和设备

蒸饭锅、打浆机、均质机、喷雾干燥机、搅拌器、快速水分测定仪、色度仪、DSC、质构仪。

三、实验安排

1. 实验前准备

（1）要求每组内学生自由组合成4人左右一小组的团队，选定负责人。

（2）负责人召集小组成员，认真学习本实验内容后，商讨实验设计方案，并形成文案（文案格式参考附件）。要求设计合理的单因素实验，并给出合理的实验水平范围。

2. 实验内容

（1）山药原料品质检测：含水量的测定（快速水分测定仪）、颜色的测定

（色度仪）、糊化温度的测定（DSC）、质地的测定（质构仪）。

（2）喷雾干燥工艺的确定：喷雾干燥实验设计，以含水量和色度为指标，考察料水比、风量、进风温度、雾化压力、输料速度等因素对喷雾干燥山药粉质量的影响。

（3）喷雾干燥山药粉品质的检测：含水量的测定（快速水分测定仪）、颜色的测定（色度仪）、糊化温度的测定（DSC）、质地的测定（质构仪）、水溶性的测定、稳定性的测定。

3. 实验周安排

（1）按照实验时间安排，各实验组依次进入实验室进行实验。

（2）第一次实验，山药原料品质检测。

第二次实验，喷雾干燥工艺的确定。

第三次实验，喷雾干燥山药粉品质的检测。

（3）每次实验时间安排为 4 学时，请大家根据时间合理安排实验检测项目数。所有学生在安排的实验时间内必须在实验室进行实验，不准迟到和早退。

四、参考资料

[1] 檀子贞，王红育，吴雅静. 山药喷雾干燥粉的加工工艺研究[J]. 食品工程，2010，01：31-33.

[2] 杨志锋，李勇，顾松勤. 速溶复合山药粉加工工艺研究[J]. 食品工业，2013，03：45-48.

[3] 孙芝杨，杨振东，焦宇知. 淮山药全粉的喷雾干燥工艺研究[J]. 食品工业，2013，09：71-74.

[4] 李居南. 喷雾干燥法生产谷物速溶粉的技术研究[D]. 咸阳：西北农林科技大学，2012.

[5] 任广跃，刘亚男，刘航，等. 响应面试验优化酶解辅助喷雾干燥制备怀山药粉工艺[J]. 食品科学，2016，06：1-6.

[6] 狄建兵，李泽珍，马军艳. 喷雾干燥制作山药粉的研究[J]. 食品工业，2014，07：133-135.

五、实验报告

实验报告要求在实验设计方案及品质检测报告的基础上，将所做实验的结果记录下来，并运用所学理论知识进行合理分析，完成后上交。

附　件

喷雾干燥综合设计实验实验报告

一、实验目的

二、实验原料、试剂及设备

1. 实验原料

……

2. 试剂

（只写你实验中所用到的试剂）

……

3. 实验设备

（只写你实验中所用到的仪器设备）

……

一、实验方法

1. ××××添加量对产品的感官影响

……

2. ×××感官鉴定方法及标准

……

3. ×××检测方法

……

4. ×××××××××

二、实验结果

1. 原料品质检测结果

2. ××××（因素）对产品的感官影响结果

3. 产品品质检测结果

4. ×××××××××

三、实验反思

第二章

罐藏食品加工实验

实验一 水果罐头的加工

一、实验目的

（1）熟悉和掌握糖水水果罐头制作的一般工艺流程及工艺参数。

（2）了解不同类别食品罐头的加工技术。

（3）了解防止水果褐变的机理与操作方法。

二、实验原理

罐藏是把食品原料经过前处理后，装入能密封的容器内，添加糖液、盐液或水，通过排气、密封和杀菌，杀灭罐内有害微生物并防止二次污染，使产品得以长期保藏的一种加工技术。

三、实验原料及设备

1. 实验原料

桔子、梨、白砂糖、柠檬酸、盐酸、氢氧化钠。

2. 实验设备

四旋玻璃瓶、不锈钢锅、镊子、天平、糖度计、温度计。

四、实验方法与步骤

（一）糖水桔子罐头的制作

1. 工艺流程

原料选择→清洗→剥皮→去络、分瓣→酸碱处理→漂洗→整理→分选→装罐→排气→封罐→杀菌→冷却→保温检查→成品

2. 操作要点

（1）原料选择：选用肉质致密、色泽鲜艳美观、香味良好、糖分含量高、糖酸比适度、橙皮苷含量低的果实。桔子大小一致，无损伤果。

（2）去皮、分瓣：桔子经剔选后在生产罐头前需进行清洗后剥皮，分热剥和冷剥。热剥是把桔子放在 90 ℃ 的热水中烫 2~3 min，烫至易剥皮但果心不热为准；不热烫者为冷剥，剥皮稍费功夫，由于预热次数减少，营养、风味保存较好。皮剥好后即进行分瓣，分瓣要求手轻，以免囊因受挤压而破裂，因此要特别注意，可用小刀帮助分瓣，桔络去净为宜。

（3）去囊衣：可分为全去囊衣及半去囊衣两种。

① 全去囊衣：将桔瓣先行浸酸处理，瓣与水之比为 1:1.5（或 2），用 0.4% 左右的盐酸处理桔瓣，一般为 30 min 左右，具体根据酸的浓度及桔瓣的囊衣厚薄、品种等来决定浸泡的时间。水温要求在 20 ℃ 以上，随温度上升，其作用加速，但要注意温度不宜过高，以 20~25 ℃ 为宜。当浸泡到囊衣发软并呈疏松状，水呈乳浊状即可沥干桔瓣，放入流动清水中漂洗至不浑浊、瓣不滑为止。然后进行碱液处理，使用浓度为 0.4% 的氢氧化钠溶液，水温在 20~24 ℃，浸泡 2~5 min，具体依囊衣厚薄而定（以大部分囊衣易脱落，桔肉不起毛、不松散、软烂为准）。处理结束后立即用清水清洗碱液。

去络、去核：手要特别轻，防止断瓣。

② 半去囊衣：与全去囊衣不同之处是把囊衣去掉一部分，剩下薄薄一层囊衣包在汁囊的外围。使用盐酸的浓度为 0.2%~0.4%，酸处理 30 min 左右；碱浓度在 0.03%~0.05%，碱处理时间为 3~6 min，具体视囊衣情况而定，以桔瓣背部囊衣变薄、透明、口尝无粗硬感为宜。

去心、去核：用弯剪把桔瓣中心白色部分分两剪剪除，在剪口处剔除桔核。

（4）糖液制备：糖水桔子罐头一般要求开罐糖浓度为 18%，因而需根据成品开罐浓度的要求来配制糖液。公式如下：

$$糖水配制浓度(\%)=\frac{(全罐果肉质量+全罐糖水质量)\times18\%-桔子含糖量\times桔瓣质量}{糖液质量}$$

（5）装罐：桔瓣清洗好后，剔除烂瓣，整瓣与碎瓣分别装罐，装罐量为罐容积的 55%~60%。糖液要预先加热至沸消毒，过滤，并趁热装入罐头中，留出顶隙。

（6）排气：用热力排气，90 ℃ 15 min，罐心温度要求 65~70 ℃。

（7）封罐：排气完毕后立即封罐。

（8）杀菌、冷却。

杀菌参数：525 g 玻罐 5 ~ 15 min/100 °C
          450 g 玻罐 5 ~ 12 min/100 °C
          312 g 铁罐 5 ~ 11 min/98 °C

（9）保温检查：罐头产品加工完以后，要进行保温检查。37 °C 保温 5 d 后，进行敲检，用小棒敲击罐头，根据声音的清浊判断罐头是否变质。

（二）糖水梨罐头的制作

1. 工艺流程

原料选择→清洗→去皮→切分→去核→烫漂→装罐→排气→封罐→杀菌→冷却→保温检查→成品

2. 操作要点

（1）原料选择：选用果实新鲜、肉质致密、成熟度适中的原料。

（2）去皮、切分、去核：将梨去皮，切半，挖去果心和蒂把。根据梨的大小，进行合适切分，浸泡在 1% ~ 2% 的食盐水中护色。

（3）热烫：采用沸水烫漂 5 ~ 10 min，进行灭酶。

（4）糖液制备、排气等参照糖水桔子罐头的制作。

五、实验结果与分析

对产品进行感官品评。

六、思考题

（1）为什么桔瓣有时会浮在罐头容器的上部？

（2）桔子罐头为什么要进行排气处理？

（3）糖水梨罐头加工中变色的原因有哪些？如何防止梨变色？

实验二　果酱的制作

一、实验目的

（1）学习和掌握果酱的制作技术。
（2）理解糖制基本原理。

二、实验原理

　　果酱是利用食糖的保藏作用，结合罐藏作用的一种水果加工保藏的方法。糖制利用高浓度糖溶液的渗透压作用，降低水分活度，抑制微生物生长和繁殖，改善制品色泽和风味。

三、实验原料及设备

1. 实验原料

菠萝、苹果、食盐、白砂糖、柠檬酸等。

2. 实验设备

糖度计、打浆机、水浴锅、天平、台秤、电磁炉、不锈钢刀、不锈钢锅、勺、玻璃瓶等。

四、实验方法与步骤

1. 工艺流程

原料→去皮→切分、去核→预煮→打浆→浓缩→装罐→封盖→杀菌→冷却→成品

2. 操作要点

（1）原料选择：要求选择成熟度适宜，含果胶、酸较多，芳香味浓的果蔬。

（2）清洗：将选好的水果用清水洗涤干净。

（3）去皮、切分、去核：用不锈钢刀去掉果梗、花萼，削去果皮。挖去果核，根据水果大小进行合适切分。

（4）预煮、打浆：将果块放入不锈钢锅中，并加入果块质量 50%的水，煮沸 15~20 min 进行软化（预煮软化升温要快），然后打浆。

（5）浓缩：果浆和白砂糖的质量比为 1:（0.8~1），并添加 0.1%左右的柠檬酸。先将白砂糖配成 75%的浓糖液，煮沸后过滤备用。将果浆、白砂糖液放入不锈钢锅中，在常压下迅速加热浓缩，并不断搅拌；浓缩时间以 25~50 min 为宜，可溶性固形物含量达到 65%~70%便可起锅装罐。出锅前，加入柠檬酸并搅匀。

（6）装罐、封盖：将瓶盖、玻璃瓶先用清水洗干净，然后用沸水消毒 3~5 min，沥干水分，装罐时保持罐温 40 ℃以上。果酱出锅后，迅速装罐，须在 20 min 内完成，装瓶时酱体温度保持在 85 ℃以上，装瓶后迅速拧紧瓶盖。

（7）杀菌、冷却：采用水浴杀菌，升温时间 5 min，沸腾下保温 15 min；然后将产品分别置于 75 ℃、55 ℃水中逐步冷却至 37 ℃左右，得到成品。

（8）质量鉴别：可溶性固形物含量 65%~70%；总含糖量不低于 50%；含酸量以 pH 计检测，在 2.8 以上。

3. 注意事项

浓缩时间要恰当，不宜过长或过短。时间过长影响果酱的色、香、味，使转化糖含量高，以致发生焦糖化和米拉德反应；时间过短，转化糖生成量不足，在贮藏期间易产生蔗糖结晶现象，且酱体凝胶不良。浓缩时可通过火力大小或其他措施控制浓缩时间。

五、实验结果与分析

对产品进行感官品评。

六、思考题

（1）原料预煮的主要目的是什么？

（2）本实验加热浓缩的目的是什么？

实验三　午餐肉罐头的加工

一、实验目的

（1）熟悉和掌握肉糜类罐头的加工方法。

（2）了解不同种类午餐肉罐头加工工艺的区别。

二、实验原理

午餐肉主要是以猪肉、鸡肉、牛肉、羊肉等为原料，加入一定量的淀粉、食盐、香辛料等加工制成的。午餐肉的主要营养成分是蛋白质、脂肪、碳水化合物、烟酸等，矿物质钠和钾的含量较高，肉质细腻，口感鲜嫩，风味清香。由于经过了高温灭菌，其保藏期较长。

三、实验原料及设备

1. 实验原料

牛肉、猪肉、淀粉、食盐、糖、亚硝酸钠、大豆蛋白、香辛料等。

2. 实验设备

切块机、绞肉机、真空搅拌机、真空封口机、高压灭菌锅、台秤、冰箱。

四、实验方法与步骤

（一）猪肉午餐肉罐头

1. 工艺流程

原料选择与处理→腌制→斩拌→抽空→装罐→排气→密封→杀菌→冷却→保温检查→成品

2. 配　方

腌制配方：瘦肉 65 kg、肥肉 15 kg、混合盐 2 kg（食盐 97%、糖 1.5%、

亚硝酸钠 1.5%)。

斩拌配方：绞肉 80 kg、淀粉 2 kg、大豆蛋白 1.5 kg、香辛料 150 g。

3. 操作要点

（1）原料选择与处理：选择检验检疫合格的优质猪肉，去皮剔骨，将瘦肉和肥肉分开处理。

（2）腌制：瘦肉和肥肉分开腌制。将肉切成边长 3～5 cm 的肉块，1 kg 肉加入 25 g 混合盐，10 ℃ 以下腌制 12～24 h。

（3）斩拌和抽空：将肉放入斩拌机中斩拌 60 s 左右，使肉变成肉泥状，加入淀粉、大豆蛋白和香辛料，为了避免肉质过干，可加入适量的纯净水，继续搅拌均匀。然后在 0.06～0.08 MPa 的真空度下抽空 3～5 min，排出肉中的空气。

（4）空罐消毒：采用 80 ℃ 以上热水进行喷淋消毒 60 s 左右，检查有无锈斑、变形等，备用。

（5）装罐、密封：将肉泥装入罐中，进行称量，质量符合标准后，将表面抹平，采用真空封罐，真空度 60 kPa 左右。

（6）杀菌及冷却：不同的罐形，杀菌、冷却条件不同。如 198 g 马口铁罐 15～50 min/121 ℃，397 g 马口铁罐 15～70 min/121 ℃，反压冷却至 38 ℃。

（7）保温检查：37 ℃ 保温 7 d 后，进行敲检。

（二）牛肉午餐肉罐头

牛肉午餐肉罐头的加工和猪肉午餐肉罐头大致相同，区别主要有两点：

（1）牛肉在腌制后要进行预煮。将水加热至 50～60 ℃，加入料包（大料、花椒、桂皮、生姜等），继续加热至香味逸出，加入腌制好的牛肉，煮沸 3～5 min，至肉块切开后无明显血丝即可。

（2）牛肉斩拌时为了避免肉质过干，可加入适量煮制时的肉汤，搅拌均匀。

五、实验结果与分析

对产品进行感官品评。

六、思考题

（1）为什么午餐肉罐头易出现物理胀罐，如何解决?

（2）肉腌制前后色泽有什么变化?

实验四　辣椒酱的制作

一、实验目的

掌握辣椒酱罐头的一般生产工艺过程。

二、实验原理

辣椒是消费者非常喜爱的一种调味品。将新鲜辣椒切碎，腌制后加入番茄、葱、白砂糖、酱油等辅料和调味品，制成风味独特、味道鲜美、营养丰富的辣椒酱。经杀菌处理，可进一步延长辣椒酱的贮存期。

三、实验原料及设备

1. 实验原料

新鲜红辣椒、食盐、白砂糖、菜籽油、色拉油、葱、香菇、酱油、黄酒、味精、柠檬酸。

2. 实验设备

切碎机、高压灭菌锅、电磁炉、不锈钢锅、台秤、玻璃罐等。

四、实验方法与步骤

1. 工艺流程

原料预处理→切碎→腌制→煮制→装罐→封盖→杀菌→冷却→保温检查→成品

2. 配　方

鲜辣椒 10 kg、食盐 1 kg、菜籽油 0.75 kg、色拉油 0.75 kg、葱 0.2 kg、白砂糖 0.6 kg、干香菇 0.2 kg、酱油 0.1 kg、黄酒 0.1 kg、味精 0.125 kg、柠

檬酸 0.03 kg。

3. 操作要点

（1）原料预处理：将新鲜辣椒用自来水清洗干净，去除泥沙，晾干表面水分。干香菇在使用前先用水泡发，再清洗干净，挤干水分。

（2）腌制：将辣椒蒂和辣椒籽去除，采用切碎机或人工将辣椒切碎，加入 10%食用盐，常温腌制一周左右，即散发出辣椒的香味。

（3）煮制：将食用油加入不锈钢锅中，油热后加入香葱炸至金黄色，捞出。放入腌制后的辣椒、香菇，加热至冒泡，最后加入白砂糖、酱油、黄酒、味精、柠檬酸等调味料，加热至沸。

（4）装罐、封盖：将瓶盖、玻璃瓶先用清水洗干净，然后用沸水消毒 3~5 min，沥干水分，装罐时保持罐温 40 ℃以上。辣椒酱出锅后，迅速装罐，装罐时辣椒酱温度保持在 85 ℃以上，装瓶后迅速拧紧瓶盖。

（5）杀菌、冷却：采用水浴杀菌，升温时间 5 min，沸腾下保温 30 min。然后产品分别在 75 ℃、55 ℃水中逐步冷却至 37 ℃左右，得成品。

五、实验结果与分析

对产品进行感官品评。

六、思考题

（1）腌制对成品品质有什么影响？
（2）影响辣椒酱品质的因素有哪些？

实验五　蔬菜罐头的加工

一、实验目的

（1）掌握蔬菜罐头的一般生产工艺过程。

（2）掌握蔬菜罐头在实际生产过程中常见质量问题的解决办法。

二、实验原理

蔬菜罐藏是将原料经过预处理和调味后，装入密封容器中，经过排气、密封、杀菌等工序，使其中的大部分微生物死亡，达到商业无菌的要求，从而延长食品保质期的一种方法。随着包装材料和技术的发展，传统的蔬菜硬罐头消费比例大大降低，但是软罐头消费量大为提高。

三、实验原料及设备

1. 实验原料

芦笋、金针菇、食盐、白砂糖、柠檬酸、氯化钙、香精等。

2. 实验设备

真空包装机、高压灭菌锅、台秤、蒸煮袋等。

四、实验方法与步骤

（一）芦笋罐头

1. 工艺流程

原料预处理→热烫→冷却→装袋→排气→密封→杀菌→冷却→成品

2. 操作要点

（1）原料预处理：将原料用自来水清洗干净，去除泥沙。鲜嫩原料不需去皮，粗老原料进行去皮，剔除裂痕，然后进行适当切分。

（2）热烫：用柠檬酸调节清水 pH 为 5.4 左右，加热至 90～95 ℃，加入原料热烫 2～3 min。立即用冷水喷淋冷却至 40 ℃ 以下，然后用流动冷水漂洗至凉透为止。

（3）装袋：为了产品整体的美观，装袋时统一将笋尖朝上，整齐码放，加入 80 ℃ 以上注汁盐水。

注汁盐水配方：食盐 2%、白砂糖 2%、柠檬酸 0.03%～0.05%。

（4）排气、封袋：注汁后立即置于真空包装机中进行真空封袋。

（5）杀菌、冷却：采用高温杀菌，15～15 min/121 ℃，反压冷却至 38 ℃。

（二）即食金针菇罐头

1. 工艺流程

原料预处理→热烫→冷却→拌料→装袋→排气→密封→杀菌→冷却→成品

2. 产品配方

护色保脆液：柠檬酸 0.05%、D-异抗坏血酸钠 0.05%、氯化钙 0.05%。

鲜辣型：盐 2%、味精 2%、辣椒油 10%、麻油 1%、香辛料油 3%、鸡油香精 5%。

麻辣型：盐 2%、味精 2%、辣椒油 10%、麻油 1%、花椒油 5%、香辛料油 3%、鸡油香精 5%。

3. 操作要点

（1）原料预处理：将金针菇根部切除，用自来水清洗干净，去除泥沙，剔除外观不符合要求的部分。

（2）热烫：将金针菇放入护色保脆液中煮沸 3～5 min。

（3）冷却、漂洗：热烫后迅速捞起，投入冷水中进行冷却，直到中心冷透为止。

（4）拌料、装袋：可加工不同口味的金针菇，加入相应调味料，拌匀，装入蒸煮袋。

（5）排气、封袋、杀菌、冷却，同芦笋罐头的加工。

五、实验结果与分析

对产品进行感官品评。

六、思考题

（1）热烫时加入柠檬酸的作用是什么？

（2）加工过程中，如何对蔬菜进行保脆处理？

实验六　植物蛋白饮料的加工

一、实验目的

（1）熟悉和掌握植物蛋白饮料生产的工艺过程和生产特性。
（2）掌握植物蛋白饮料加工中需注意的问题。

二、实验原理

植物蛋白饮料是以植物果仁、果肉及大豆为原料（如大豆、花生、杏仁、核桃仁、椰子等），经加工、调配后，再经高压杀菌或无菌包装制得的乳状饮料。此类原料中除了含有大量蛋白质外，还含有脂肪、碳水化合物、矿物质、酶类及抗营养物质等，因此在加工过程中易出现蛋白质沉淀、脂肪上浮、不良口味等。一般可通过添加乳化剂、稳定剂、热磨等加以改善。

三、实验原料及设备

1. 实验原料

花生、白砂糖、碳酸氢钠、黄原胶、明胶、羧甲基纤维素钠、聚磷酸三钠、单甘酯、蔗糖、脂肪酸酯等。

2. 实验设备

不锈钢锅、打浆机、均质机、糖度计、玻璃瓶、皇冠盖、温度计、烧杯、天平等。

四、实验方法与步骤

1. 工艺流程

花生仁脱皮→浸泡→磨浆→过滤→调配→均质→脱气→灌装→密封→杀

菌→成品

2. 配 方

花生仁 500 g，水 5~7.5 kg，白砂糖 6%~8%，稳定剂 0.1%~0.3%，乳化剂 0.3%~0.5%，色素、香精少量。

3. 操作要点

（1）脱皮：将花生仁置于 120 ℃烤箱焙烤 20 min，搓去花生外皮。采用此种方法脱皮的花生饮料香味较浓。

（2）浸泡：加入花生质量 3 倍的水进行浸泡。为提高浸泡效率，可在浸泡液中加入 0.25%~0.5%的碳酸氢钠，调整其 pH 值为 7.5~9.5。一般冬季花生浸泡时间为 12~14 h，夏季为 8~10 h。

（3）磨浆、过滤：将浸泡后的花生仁进行打浆，料水比为 1∶10~1∶15，打浆后用胶体磨进行精磨，使花生浆粒度达到 200 目左右，然后用 200 目筛网过滤。

（4）混合调配：按产品配方加入白砂糖、稳定剂、乳化剂等，在配料罐中进行混合并搅拌均匀，用碳酸氢钠调节花生乳液的 pH 值为 6.5 左右。

（5）均质：均质压力在 18~20 MPa，温度为 50~55℃，使组织状态稳定。

（6）真空脱气：用真空脱气罐进行脱气，料液温度控制在 30~40 ℃，真空度为 55~65 kPa。

（7）灌装、密封：均质、脱气后的花生乳液经加热后，灌入事先清洗消毒好的玻璃瓶中，轧盖密封。

（8）杀菌、冷却：轧盖后马上进行加热杀菌，杀菌条件为（20~30 min）/100 ℃，杀菌后分段冷却至室温。

五、实验结果与分析

对产品进行感官品评。

六、思考题

（1）如何提高花生乳的稳定性，防止花生乳饮料的分层和沉淀现象？

（2）花生浸泡过程中为什么要加入碳酸氢钠？

实验七　果蔬汁饮料的加工

一、实验目的

（1）熟悉和掌握果蔬汁饮料生产的工艺过程和生产操作。
（2）了解主要生产设备的性能和使用方法。
（3）了解防止出现质量问题的措施。

二、实验原理

果蔬汁及其饮料有不同的种类，生产的工艺和使用的设备也不一样，新技术和新设备不断地应用于生产实践。果汁饮料的生产是采用物理的方法如压榨、浸提、离心等，破碎果实，制取汁液，再通过加糖、酸、香精、色素等混合调整后，杀菌灌装制成。

三、实验原料及设备

1. 实验原料

山楂、苹果、橘子、胡萝卜等果蔬，白砂糖、稳定剂、酸味剂、抗氧化剂、香精、色素等。

2. 实验设备

不锈钢锅、打浆机、榨汁机、胶体磨、均质机、糖度计、玻璃瓶、皇冠盖、温度计、烧杯、天平等。

四、实验方法与步骤

1. 工艺流程

原料处理→加热软化→打浆过滤→配料→均质→脱气→杀菌→灌装→压

盖→杀菌→冷却→成品

2．配　方

原果浆 35% ~ 40%，白砂糖 13% ~ 15%，稳定剂 0.2% ~ 0.35%，色素、香精少量。

3．操作要点

（1）原料处理：选择新鲜，无霉烂、病虫害、冻伤及严重机械损伤的水果，成熟度八至九成。用清水清洗干净，并摘除过长的果把，用小刀修除干疤、虫蛀等不合格部分，最后再用清水冲洗一遍。

（2）加热软化：洗净的水果以 2 倍量的水进行加热软化，沸水下锅，加热 3 ~ 8 min。

（3）打浆过滤：软化后的水果趁热打浆，浆渣再以少量水打一次浆。用 60 目的筛过滤。

（4）混合调配：按产品配方加入甜味剂、酸味剂、稳定剂等，在配料罐中进行混合并搅拌均匀。

（5）均质：均质压力在 18 ~ 20 MPa，使组织状态稳定。

（6）真空脱气：用真空脱气罐进行脱气，料液温度控制在 30 ~ 40 ℃，真空度为 55 ~ 65 kPa。

（7）灌装、密封：均质后的果汁经加热后，灌入事先清洗消毒好的玻璃瓶中，轧盖密封。

（8）杀菌、冷却：轧盖后马上进行加热杀菌，杀菌条件为 20 ~ 30 分/100 ℃，杀菌后分段冷却至室温。

五、实验结果与分析

对产品进行感官品评。

六、思考题

（1）不同的稳定剂及不同添加量对成品品质有什么影响？

（2）产品的稳定性与哪些因素有关？怎样保证和提高产品的稳定性？

（3）果蔬汁饮料的生产必须配备哪些设备？

实验八　配制型乳饮料的加工

一、实验目的

（1）掌握配制型乳饮料加工的工艺过程。

（2）比较配制型乳饮料与发酵型乳饮料的不同。

（3）理解乳饮料稳定的机理和方法。

二、实验原理

配制型含乳饮料是以乳或乳制品为原料，加入水以及白砂糖和（或）甜味剂、酸味剂、果汁、茶、咖啡、植物提取液等的一种或几种调制而成的饮料，其中蛋白质含量不低于 1.0% 的称为乳饮料，蛋白质含量不低于 0.7% 的称为乳酸饮料。在加工过程中，通过均质改变蛋白质粒子的大小，添加稳定剂、增稠剂增加黏度，改变蛋白质粒子表面电荷的分布，控制 pH 的变化，增加乳饮料的稳定性，防止分层沉淀。

三、实验原料及设备

1. 实验原料

鲜乳或乳粉、白砂糖、柠檬酸、乳酸、稳定剂、香精、色素等。

2. 实验设备

不锈钢容器、搅拌器、均质机、温度计、pH 计、天平、水浴锅等。

四、实验方法与步骤

1. 工艺流程

柠檬酸、乳酸、香精、色素等

白砂糖→溶解→过滤

原料乳→预处理 ┐→混合→胶体磨→冷却→调配→均质→

白砂糖+稳定剂+水→溶解 ┘

罐装→成品→杀菌

2. 配　方

鲜乳 25% ~ 50%（或乳粉 3% ~ 6%），白砂糖 6% ~ 11%，柠檬酸和乳酸 1% ~ 3%，柠檬酸钠 0.3% ~ 0.6%，稳定剂 0.2% ~ 0.6%，色素、香精适量，余量为水。

3. 操作要点

（1）原料验收：原料乳及乳粉按相关标准进行验收。

（2）乳粉还原：将乳粉用 45 ~ 50 ℃ 左右温水进行溶解，搅拌，待乳粉完全溶解后置于 45 ~ 50 ℃ 水中还原 20 min 左右。

（3）稳定剂处理：可用于配制型乳饮料的稳定剂种类很多，如羧甲基纤维素钠、明胶、海藻酸钠、果胶、单甘酯等，也可选用复配的稳定剂。一般稳定剂的溶解性较差，可将稳定剂和白砂糖按 1 : 10 的比例预先干混，然后加入 50 ~ 60 ℃ 的温水，边搅拌边加料，慢慢溶解。

（4）糖浆制备：将白砂糖加入 60 ℃ 左右温水中溶解，过滤，制成 60% 的糖浆。

（5）混合：将糖浆、乳液和稳定剂溶液混合均匀，过胶体磨一次，并将料液冷却到 20 ℃ 以下。

（6）调配和定容：将柠檬酸、乳酸等先配成 15% ~ 25% 的酸液，为防止局部酸度偏差过大，并使产品酸味柔和，可在酸液中加入柠檬酸钠等缓冲盐类。在高速搅拌下，向混合液中缓慢加入酸液，最终产品的 pH 一般在 3.8 ~ 4.2。然后根据产品需求加入香精、色素等。最后，按照产品配方，加水定容。

（7）均质：将料液加热至 60 ℃ 左右进行均质，均质压力在 18 ~ 20 MPa，使组织状态稳定。

（8）灌装、密封：将均质后的混合液加热至 85 ℃，并趁热灌入事先清洗消毒好的玻璃瓶中，留出一定顶隙，立即密封。

（9）杀菌、冷却：采用 95～98 ℃ 水浴杀菌 30 min，取出后分段冷却至室温。

五、实验结果与分析

对产品进行感官品评。

六、思考题

（1）酸液的浓度和加入速度对产品品质有何影响？

（2）比较配制型乳饮料和发酵型乳饮料的营养价值。

实验九　茶饮料的加工

一、实验目的

（1）熟悉和掌握茶饮料的生产工艺。
（2）了解茶沉淀的原因及解决茶沉淀的方法。

二、实验原理

　　茶饮料是指以茶叶的萃取液、茶粉、浓缩液为主要原料加工而成的饮料。它具有茶叶的独特风味，含有天然茶多酚、咖啡碱等茶叶有效成分，兼有营养、保健功效，是清凉解渴的多功能饮料。茶饮料按原辅料不同分为茶汤饮料和调味茶饮料，茶汤饮料是指以茶叶的水提取液或其浓缩液、速溶茶粉为原料，经加工制成的，保持原茶类应有风味的茶饮料；调味茶饮料以茶叶为主要原料，加入糖、果汁、香料、牛奶、酸味剂、二氧化碳等配料加工而成，又可分为果汁茶饮料、果味茶饮料、碳酸茶饮料、奶味茶饮料及其他茶饮料。

　　茶叶萃取液冷却后会产生白色茶乳沉淀，俗称"茶乳酪"或"冷后浑"，是由茶叶中的茶多酚及其氧化分解物与咖啡碱络合生成的。另外，蛋白质、果胶、淀粉等大分子物质也容易形成沉淀。

三、实验原料及设备

1. 实验原料

　　茶（或茶粉、茶叶提取物）、去离子水、白砂糖、柠檬酸、抗坏血酸钠、碳酸氢钠、香精等。

2. 实验设备

　　不锈钢锅、滤布、离心机、玻璃瓶、杀菌锅、温度计、pH 计、天平等。

四、实验方法与步骤

1. 工艺流程

白砂糖→溶解→净化 ⎫
茶叶→浸提→澄清、过滤→茶汁 ⎬ →调配→过滤→加热→灌装→封盖
香精、柠檬酸等 ⎭

→杀菌→冷却→成品

2. 配　方

茶汁 10% ~ 20%（或茶粉 0.1% ~ 0.15%），抗坏血酸钠 0.05% ~ 0.1%，白砂糖 2% ~ 10%，柠檬酸 0.1% ~ 0.3%，色素、香精适量。

3. 操作要点

（1）原料处理：采用当年新茶，去除杂质，粉碎至 60 目左右。

（2）浸提、过滤：将茶粉加入不锈钢锅中，按茶水比 1：20 加入 80 ~ 85 ℃的去离子水浸提 10 min，中间搅拌数次，过滤除去茶汁中的茶渣和杂质。过滤后立即加入 0.01% ~ 0.03%的抗坏血酸钠，防止茶汁氧化变色，并迅速冷却。

（3）防沉淀处理：使用柠檬酸调节滤液 pH 至 3.2 ~ 4，充分沉淀后过滤，或将滤液置于 5 ℃下过夜，充分沉淀后过滤，防止茶饮料成品中沉淀的形成。

（4）调配：将茶汤称量，按产品配方加入抗坏血酸钠、白砂糖、柠檬酸、香精。白砂糖中加入适量去离子水，加热煮沸 5 ~ 10 min，过滤后备用。其他固体辅料用适量去离子水溶解，过滤后备用。混合调配液可用柠檬酸或碳酸氢钠调节 pH。

（5）灌装、密封：将调配好的混合液加热至 85 ~ 90 ℃，并趁热灌入事先清洗消毒好的玻璃瓶中，留出一定顶隙，立即密封。

（6）杀菌、冷却：将密封好的茶饮料置于 115 ~ 121 ℃ 高压灭菌锅中灭菌 15 ~ 20 min，取出后分段冷却至室温。

五、实验结果与分析

对产品进行感官品评。

六、思考题

（1）浸提条件对浸提效果有何影响？

（2）茶饮料产生沉淀的原因是什么？

实验十　复合果蔬汁饮料综合设计实验

一、实验目的

（1）掌握产品配方的设计原理，合理设计产品配方的优化实验，并选取其中一个单因素进行实验。

（2）掌握产品的品质评定及质量检测的主要内容，设计完整的检测项目。

（3）掌握果蔬汁饮料的生产工艺。

二、实验材料

1. 供试材料

苹果、菠萝、梨、胡萝卜、西红柿、山楂、白砂糖、柠檬酸。

2. 实验试剂

琼脂、黄原胶、羧甲基纤维素钠、乙醇、氢氧化钠、酚酞、PCA 培养基、氯化钠、磷酸一氢钠、磷酸二氢钠。

3. 仪器和设备

移液管、洗耳球、三角瓶、培养皿、玻璃珠、涂布棒、脱脂棉、1 mL 枪头、试管、试管硅胶塞、移液器、带盖玻璃瓶、记号笔、卷纸、打浆机、勺子、不锈钢锅、棕色试剂瓶、试管架、碱式滴定管、电子天平、纱布、电磁炉、培养箱、冰箱、无菌操作台、灭菌锅、pH 计、糖度计。

三、实验安排

1. 实验前准备

（1）要求每组内学生自由组合成 4 人左右一小组的团队，选定负责人。

（2）负责人召集小组成员，认真学习本实验内容后，商讨实验设计方案，并形成文案。要求设计合理的单因素实验，并给出合理的实验水平范围。对于产品品质评价，要求有感官鉴定的评分标准和完整的检测项目。可根据实验试剂和设备选择一定数量的检测项目，其中，细菌总数的测定为必选项。

2. 实验周安排

（1）按照实验时间安排，各实验组依次进入实验室进行实验训练。

（2）各组学生按照预定方案对原材料进行检测，并选取任意一个单因素进行实验，得到若干实验产品。

（3）对产品品质进行检测。

（4）学生根据时间合理安排实验检测项目数量，所有学生在安排的实验时间内必须在实验室进行实验，不准迟到和早退。

四、参考资料

[1] 丁武. 食品工艺学综合实验[M]. 北京：中国林业出版社，2012.

[2] 李平兰，等. 食品微生物学实验原理与技术[M]. 北京：中国农业出版社，2010.

五、实验报告

实验报告要求在实验方案及品质检测报告的基础上，将所做实验的结果记录下来，并运用所学理论知识进行合理分析，完成后上交。

附　件

复合果蔬汁饮料综合实验实验报告

一、实验目的

二、实验原料、试剂及设备

1. 实验原料

……

2. 试剂

（只写你实验中所用到的试剂）

……

3. 实验设备

（只写你实验中所用到的仪器设备）

......

三、实验方法

1. ××××添加量对产品的感官影响

......

2. ×××感官鉴定方法及标准

......

3. ×××检测方法

......

4. ×××××××××

四、实验结果

1. 原料品质检测结果

2. ××××（因素）对产品的感官影响结果

3. 产品品质检测结果

4. ×××××××××

五、实验反思

第三章

发酵食品加工实验

实验一　甜酒酿的加工

一、实验目的

（1）通过甜酒酿的制作了解酿酒的基本原理。
（2）掌握甜酒酿的制作技术。

二、实验原理

以糯米（或大米）经甜酒曲发酵制成的甜酒酿，是我国的传统发酵食品。甜酒酿是将糯米经过蒸煮糊化，利用甜酒曲中的根霉、米曲霉等微生物将原料中糊化后的淀粉糖化，将蛋白质水解成氨基酸，利用酵母代谢产生酒精，从而赋予甜酒酿特有的香气、风味和丰富的营养。随着发酵时间延长，甜酒酿中的糖分逐渐转化成酒精，因而糖度下降，酒度提高，故适时结束发酵是保持甜酒酿口味的关键。

三、实验原料及设备

1. 实验原料

甜酒曲、糯米。

2. 实验设备

蒸锅、发酵缸、培养箱、纱布等。

四、实验方法与步骤

1. 工艺流程

大米→洗米→浸泡→蒸米→降温→落缸搭窝→保温发酵→成品

2. 操作要点

（1）洗米、浸泡：将糯米淘洗干净，用水浸泡 5 ~ 24 h，根据环境温度决定浸泡时间的长短，一直浸泡到米粒用手指能碾碎为止。

（2）蒸米：将浸泡好的糯米捞起，放在蒸锅内隔水蒸熟，使饭"熟而不糊，内无生心"。

（3）降温：

① 淋饭法：用清洁冷水淋洗蒸熟的糯米饭，使其降温至 35 ℃ 左右，同时使饭粒松散。

② 摊凉：自然摊凉。

（4）落缸搭窝：将适量甜酒曲均匀拌入米饭内，置于发酵缸中，搭成凹形圆窝，面上洒少许酒曲粉。

（5）保温发酵：于 30 ℃ 左右发酵 2 d，当窝内甜液达到饭堆高度的 2/3 时，即发酵成熟。此时，可将其置于 8 ~ 10 ℃ 放置 2 ~ 3 d 或更长时间进行后发酵，改善风味。

五、实验结果与分析

（1）发酵期间每天观察、记录发酵现象。
（2）对产品进行感官评定，写出品尝体会。

六、思考题

（1）影响酒酿品质的因素有哪些？
（2）比较不同酒曲、不同制作方法对酒酿品质的影响。

实验二　黄酒的酿造

一、实验目的

（1）掌握黄酒制备的一般流程及过程控制。

（2）学习黄酒成品的后处理及质量控制。

二、实验原理

黄酒是以米、黍米、玉米、小米、小麦等为主要原料，经蒸煮、加曲、糖化、发酵、压榨、过滤、煎酒、贮存、勾兑而成的酿造酒，是经过霉菌及酵母菌等有益微生物的共同糖化发酵作用酿造而成的。

三、实验原料及设备

1. 实验原料

糯米、酒药、黄酒曲、生料黄酒曲。

2. 实验设备

玻璃缸、蒸锅、纱布、温度计等。

四、实验方法与步骤

（一）淋饭法制作黄酒

1. 工艺流程

洗米→浸米→蒸饭→淋饭→落缸搭窝→糖化→加曲冲缸（即加水、接种酵母菌）→发酵、开耙→后发酵→压榨→澄清→煎酒→贮存

2. 操作要点

（1）洗米：糯米用自来水清洗，直到淋出的水无白浊为止。

（2）浸米：在洁净的容器中装好清水，将淘洗好的糯米倾入，水量以超过米面 5 ~ 6 cm 为好，浸泡时间根据气温不同在 18 ~ 24 h（至米粒中央无白心为宜）。

（3）蒸饭：要求饭粒松软、熟而不糊、内无白心。

（4）淋饭：蒸煮后的米饭，用冷水进行冲淋冷却，使米饭降温至 28 ~ 30 ℃。淋饭后沥去多余的水分，防止拖带水分过多而不利于酒药中的根霉的生长繁殖。

（5）落缸搭窝：在米饭中拌入黄酒曲粉末，翻拌均匀，并将米饭中央搭成"V"形或"U"形的凹圆窝，在米饭上面再酒一些酒药粉。

（6）糖化、加曲冲缸：搭窝后及时做好保温工作以进行糖化。经过 36 ~ 48 h 糖化以后，饭粒软化，糖液满至酿窝高度的 4/5。此时酿窝已经成熟，向醪液中加入一定量的水进行冲缸（米、水之比为 1∶1.4 ~ 1.8），充分搅拌，酒醪由半固体状态转为液体状态。此时，醪液的 pH 在 4.0 以下。

（7）发酵、开耙：冲缸之后，酵母大量繁殖并逐步开始旺盛的酒精发酵，酒醪温度迅速上升，经过 8 ~ 15 h 后，米饭和部分酒曲漂浮于液面上方形成泡盖，泡盖内的温度较高，为了保证酵母的正常生长繁殖，用木耙进行搅拌，使醪液的温度降低、均一。第一次开耙后每隔 3 ~ 5 h 进行第二、第三、第四次开耙，使醪液的温度控制在 26 ~ 30 ℃。

（8）后发酵：主发酵结束后，醪液表面的泡盖消失，米饭逐渐沉入醪液下方。此时，进入后发酵阶段，将醪液罐入酒坛，在低温下进行后发酵。

（9）压榨：发酵成熟的酒醪用纱布过滤，将酒糟与黄酒分离。

（10）澄清：将压榨的酒液静置澄清 2 ~ 3 d，以将生酒中的少量细微悬浮固形物逐渐沉到酒缸底部。

（11）煎酒：将澄清的酒液倒入夹层锅中加热 10 min，盖上锅盖焖熟 15 min。

（12）贮存：灭菌后的黄酒，趁热装入酒坛中，坛口用橡皮泥密封。装坛后的黄酒进行陈酿，使其产生黄酒特殊的香气与风味。

（二）生料法制作黄酒

1. 工艺流程

洗米→加水、加曲→发酵→过滤→煎酒→贮存

2. 操作要点

（1）洗米：糯米用自来水清洗，直到淋出的水无白浊为止。

（2）加水、加曲：将糯米放入洁净的容器中，加入糯米质量两倍的水和

适量的生料黄酒曲，充分搅拌均匀后将坛口密封。

（3）发酵：将容器置于 20 ~ 35 ℃ 发酵 15 ~ 20 d。

（4）过滤：发酵成熟的酒醪用纱布过滤，将酒糟与黄酒分离。

（5）煎酒：将澄清的酒液倒入夹层锅中加热 10 min，盖上锅盖焖熟 15 min。

（6）贮存：灭菌后的黄酒，趁热装入酒坛中，坛口用橡皮泥密封。装坛后的黄酒进行陈酿，使其产生黄酒特殊的香气与风味。

五、实验结果与分析

发酵期间观察、记录发酵现象，对产品进行感官品评。

六、思考题

（1）黄酒发酵的原理及特点是什么？

（2）黄酒发酵操作的要点是什么？

（3）评价所做黄酒成品的质量，分析实验结果。

实验三　果酒的加工

一、实验目的

（1）掌握果酒酿造的基本原理。

（2）掌握果酒酿造的过程和工艺要点。

二、实验原理

果酒酿造就是通过酵母把发酵性糖转化成酒精，同时释放二氧化碳的过程。果酒制作时产生的酒精度、甜度和糖分有关，糖分多就能更多地转化为酒精。酒精发酵后在陈酿澄清过程中经酯化、氧化、沉淀等作用，提高酒的香气和滋味。

三、实验原料及设备

1. 实验原料

橘子、葡萄、白砂糖、果酒酵母、果胶酶、偏重亚硫酸钾。

2. 实验设备

发酵罐、糖度计、纱布等。

四、实验方法与步骤

（一）葡萄酒的加工

1. 工艺流程

葡萄分选→破碎→前发酵→压榨→调整酒度→后发酵→贮藏→澄清过滤→装瓶、杀菌

2. 操作要点

（1）原料分选：应选择新鲜、香味浓、充分成熟的果实，除去腐烂果和青粒果。

（2）破碎：先人工破碎，去除葡萄籽，然后用破碎机破碎。破碎后放入发酵罐中，其体积不能超过容器容量的 4/5，并根据果汁质量加入 0.01% 的果胶酶。

（3）调整成分：一般情况下，含糖量 1.7 g/100 mL 生成 1°酒精，一般干酒的酒精度在 11°左右，甜酒在 15°左右。

（4）前发酵：将 0.02% ~ 0.03% 的干酵母加入适量 40 ℃ 左右温水中，搅拌至溶解后加入果汁中，再加入亚硫酸盐，使其中 SO_2 含量达到 150 ~ 300 mg/L。20 ~ 25 ℃ 温度下，发酵 5 ~ 10 d。起始发酵的 72 h 内，每 24 h 将果浆上下翻搅 2 ~ 3 次，将浮在面上的皮渣压入汁内。酒体有明显的酒香，瓶内气泡明显减弱，酒帽有所降低，可溶性物质含量约为 1% 时，表示前发酵结束，可进行皮渣分离。

（5）过滤和压榨：将清澈的酒液滤出，将酒渣进行压榨，合并酒液。

（6）后发酵：在 15 ~ 18 ℃ 下缓慢地进行后发酵 1 个月，使残糖进一步发酵为酒精。将酒液放入发酵罐中进行后发酵，发酵罐需留出一定空隙，半个月后进行换桶，除去酒渣，密封。换桶前，切忌移动或振动。

（7）陈酿：20 ℃ 左右进行陈酿，时间至少要五六个月。

（二）橘子酒的加工

1. 工艺流程

橘子去皮、去籽→破碎→前发酵→压榨→后发酵→陈酿→装瓶、杀菌

2. 操作要点

（1）橘子去皮、去籽，捏碎放入发酵罐中，其体积不能超过容器容量的 4/5。

（2）根据果汁质量加入 0.01% 的果胶酶。

（3）调整成分：一般情况下，含糖量 1.7 g/100 mL 生成 1°酒精，一般干酒的酒精度在 11°左右，甜酒在 15°左右。

（4）亚硫酸处理：加入亚硫酸，使其中含 SO_2 150 ~ 300 mg/L。

（5）主发酵：取适量温水（35 ~ 40 ℃），加入 0.02% 干酵母搅拌至溶解，加入果汁中，20 ℃ 左右进行发酵。主发酵的时间一般 5 ~ 10 d。开始发酵的 2 ~ 3 d，每天将果浆上下翻搅 1 ~ 2 次。酒体有明显的酒香，瓶内气泡明显减

弱，酒帽有所降低，可溶性物质含量约为 1%时，表示主发酵结束，可进行皮渣分离。

（6）过滤和压榨：将清澈的酒液滤出，将酒渣进行压榨，合并酒液。

（7）后发酵：将酒液放入发酵罐中进行后发酵，发酵罐需留出一定空隙。半个月后进行换桶，除去酒渣，密封。

（8）陈酿：20 ℃左右进行陈酿，时间至少要五六个月。

五、实验结果与分析

（1）发酵期间每天观察、记录发酵现象。

（2）对产品进行感官品评，写出品尝体会。

六、思考题

（1）氧在葡萄酒酿造过程中的作用是什么？

（2）发酵过程中如何管理以提高果酒的品质？

实验四　果醋的酿造

一、实验目的

（1）掌握醋酸发酵的原理。
（2）掌握果醋的生产工艺。

二、实验原理

食醋酿造是利用微生物细胞内各种酶类，在制作过程中进行一系列的生化作用。若以淀粉为原料酿醋，要经过淀粉的糖化、酒精发酵和醋酸发酵三个生化过程；以糖类为原料酿醋，需经过酒精和醋酸发酵；而以酒为原料，只需进行醋酸发酵的生化过程。醋酸发酵是由醋酸杆菌以酒精作为基质，主要按下式进行酒精氧化而产生醋酸。

$$CH_3CH_2OH + O_2 \longrightarrow CH_3COOH + H_2O + 494\ kJ$$

食醋的酿造方法有固态发酵和液态发酵两大类。本实验采用水果酿制食醋。水果中富含还原糖，直接可以被酵母菌利用，因此可以省去糖化过程，经过酒精发酵和醋酸发酵形成。

三、实验原料及设备

1. 菌　种

醋酸菌（Acctobacter）、酵母菌（Shaccharormyes cerevisiae）。

2. 实验原料

苹果、糖、食盐等。

3. 实验设备

发酵缸、刀、案板、培养箱。

四、实验方法与步骤

1. 工艺流程

苹果清洗→切分去核→破碎→调整成分→酒精发酵→醋酸发酵→加盐后熟→过滤→灭菌→成品

2. 操作要点

（1）原料选择：要求水果成熟度适当，含糖量高，肉质脆硬。

（2）水果处理：将水果先摘果柄、去腐料部分，清洗干净，把苹果用刀切成两块，挖去果核。破碎，粒度为 3～4 mm。装入发酵罐，其体积不能超过容器容量的 4/5。

（3）根据果汁质量加入 0.01%果胶酶。

（4）调整成分：调整糖为 15～16°Bx。

（5）亚硫酸处理：加入亚硫酸，使其中含 SO_2 150～300 mg/L。

（6）酒精发酵：取少量温水(35～40 ℃),加入活性干酵母(原料的 0.02%～0.03%)，溶解后加入果汁中，于培养箱 20 ℃左右进行培养。经过 64～72 h，待酒精体积分数达到 7%～8%，酒精发酵结束。

（7）醋酸发酵：每罐中加入培养的醋母液 10%～20%，保温发酵。温度为 30～35 ℃，不超过 40 ℃。醋酸发酵大概 4～6 d，期间进行酸度检测，如酸度连续两天不再升高，则醋酸发酵结束。

（8）加盐后熟：按醋醪量的 1.5%～2%加入食盐，密封放置 2～3 d，使其后熟，增加色泽和香气。

（9）过滤：将后熟的醋醪放在滤布上，徐徐过滤，要求醋的总酸为 5%左右。

（10）灭菌及装瓶灭菌（煎醋）：温度控制在 60～70 ℃，时间 10 min。煎醋后即可装瓶。

五、实验结果与分析

（1）发酵期间定期观察、记录发酵现象。
（2）对产品进行感官品评，写出品尝体会。

六、思考题

（1）试述食醋酿造的不同工艺方法。
（2）食醋酿造应注意哪些问题？

实验五　泡菜的制作

一、实验目的

（1）通过实验操作了解泡菜加工的基本原理。

（2）掌握泡菜的制作技术。

二、实验原理

在制作泡菜时，在泡菜坛的厌氧条件下，蔬菜中的糖分等营养物质在蔬菜表面的乳酸菌（或直接加入的乳酸菌）作用下，产生乳酸等风味物质，加上香辛料和食盐的添加，使得泡菜具有独特的香气和滋味，并提高其保藏性。

三、实验原料及设备

1. 实验原料

白萝卜、包菜等各种蔬菜，白酒、黄酒、花椒、辣椒、大蒜、生姜、盐等。

2. 实验设备

泡菜坛、刀、案板、天平。

四、实验方法与步骤

1. 工艺流程

泡菜坛洗净→消毒

↓

原料选择→预处理→装坛→发酵→成品

↑

盐水→煮沸→冷却+调料

2. 操作要点

（1）原料选择：凡肉质肥厚、组织紧密、质地嫩脆、不易软烂，并含有一定糖分的新鲜蔬菜，均可选作加工泡菜的原料，如萝卜、包菜、大白菜、辣椒等。

（2）原料处理：对蔬菜原料进行整理、洗涤、晾晒和切分等预处理。

（3）盐水的配制：配制 6% ~ 8%的食盐水，加热煮沸，冷却使用。为了增进泡菜的品质，可以加入佐料和香料，如 2.5%黄酒、0.5%白酒、3%蔗糖、1%干辣椒、5%生姜、0.05%花椒、0.1%八角等，可依个人口味添加不同的佐料和香料。

（4）装坛：将泡菜坛清洗干净，用开水消毒。将蔬菜入坛，用竹片将原料卡压住，灌入盐水淹没菜面，使液面距离坛口 3 cm 左右。

（5）管理：暖季将泡菜坛置于阴凉处，冷季将坛子置于温暖处，进行自然发酵，1 ~ 2 d 后坛内因食盐的渗透压作用，原料体积缩水，此时，可再加原料和盐水，使液面保持距坛口 3 cm 左右。夏季一般 3 ~ 4 d 即可成熟，冬季 10 d 左右才能成熟。

五、实验结果与分析

（1）发酵期间每天观察、记录发酵现象。
（2）对产品进行感官品评，写出品尝体会。

六、思考题

制作泡菜时，坛口不密封可以吗？为什么？

实验六　腐乳的制作

一、实验目的

（1）理解和掌握腐乳的加工原理。
（2）掌握腐乳的酿造过程和工艺要点。

二、实验原理

豆腐乳是我国独特的传统发酵食品，是用豆腐发酵制成的。民间老法生产豆腐乳均为自然发酵，现代酿造厂多采用蛋白酶活性高的鲁氏毛霉或根霉发酵。豆腐坯上接种毛霉，经过培养繁殖，分泌蛋白酶、淀粉酶、谷氨酰胺酶等复杂酶系，将豆腐中的有效物质分解，同时在长时间后发酵中与添加的辅料一起形成腐乳特有的色、香、味。

三、实验原料及设备

1. 菌　种

毛霉斜面菌种

2. 实验原料

马铃薯葡萄糖琼脂培养基（PDA）、葡萄糖、纱布、无菌水、豆腐坯、红曲米、面曲、甜酒酿、白酒、黄酒、食盐等。

3. 实验设备

250 mL 三角瓶、接种针、小笼格、喷枪、小刀、带盖广口玻璃瓶、恒温培养箱。

四、实验方法与步骤

1. 工艺流程

毛霉斜面菌种→扩大培养→孢子悬浮液→豆腐坯→接种→培养→晾花→加盐→腌坯→装瓶→后熟→成品

2. 操作要点

（1）孢子悬液制备：

① 毛霉菌种的扩培：将毛霉菌种接入 PDA 斜面培养基，于 25 ℃ 培养 2～3 d 进行活化；将斜面菌种转接到盛有种子培养基的三角瓶中，于 20～25 ℃ 培养 6～7 d，备用。要求菌丝饱满、粗壮，孢子生长旺盛。

种子培养基：取大豆粉与大米粉，按质量比为 1:1 混合，装入三角瓶中，料层厚度为 1～2 cm，加入 5%的水。加纱布包口，0.1 MPa 灭菌 30 min。

② 孢子悬液制备：于上述三角瓶中加入无菌水 100 mL，充分振摇，用无菌双层纱布过滤，滤渣倒回三角瓶，再加 100 mL 无菌水洗涤 1 次，合并两次滤液，装入喷枪贮液瓶中，供接种使用。

（2）接种孢子：用刀将豆腐坯划成 4.1 cm×4.1 cm×1.6 cm 的块，将笼格进行蒸汽消毒、冷却，用孢子悬液喷洒笼格内壁，然后把划块的豆腐坯均匀竖放在笼格内，块与块之间间隔 2 cm。再用喷枪向豆腐块上喷洒孢子悬液，使每块豆腐周身沾上孢子悬液。

（3）培养与晾花：将放有接种豆腐坯的笼格放入培养箱中，于 20～25 ℃ 下培养，最高不能超过 28 ℃。培养 20 h 后，每隔 6 h 上下层调换一次，以更换新鲜空气，并观察毛霉生长情况。44～48 h 后，菌丝顶端已长出孢子囊，腐乳坯上毛霉呈棉花絮状，菌丝下垂，白色菌丝已包围住豆腐坯。此时将笼格取出，使热量和水分散失，坯迅速冷却，其目的是增加酶的作用，并使霉味散发，此操作在工艺上称为晾花。

（4）搓毛、腌坯：将冷至 20 ℃ 以下的坯块上互相依连的菌丝分开，用手指轻轻地在每块表面揩涂一遍，使豆腐坯上形成一层皮衣，装入玻璃瓶内，边揩涂边沿瓶壁呈同心圆方式一层一层向内侧放，摆满一层稍用手压平，撒一层食盐，使平均含盐量约为 18%，如此一层层铺满瓶。下层食盐用量少，向上食盐用量逐层增多，腌制中盐分渗入毛坯，水分析出，为使上下层含盐均匀，腌坯 3～4 d 时需加盐水淹没坯面。腌坯周期冬季 13 d，夏季 8 d。

搓毛后也可直接采用混合料进行腌坯。方法是先取适量精盐、五香粉、米酒、辣椒酱或辣椒粉等一起搅拌后,将发酵的豆腐块放入翻拌,使之周身沾匀,最后装放坛内,并将坛口密封严实。

(5)装坛发酵:将腌坯沥干,待坯块稍有收缩后,将按甜酒酿 0.5 kg、黄酒 1 kg、白酒 0.75 kg、盐 0.25 kg 的配方配制汤料注入瓶中,淹没腐乳,加盖密封,在常温下贮藏 2~4 个月成熟。也可采用其他配方。

五、实验结果与分析

从腐乳的表面及断面色泽、组织形态(块形、质地)、滋味及气味、有无杂质等方面综合评价腐乳质量。

六、思考题

(1)试分析腌坯时所用食盐含量对腐乳质量有何影响?

(2)如何提高腐乳的质量?

实验七　啤酒的酿造

一、实验目的

（1）掌握啤酒酿造的工艺过程。

（2）熟悉啤酒酿造相关设备的原理和结构。

（3）掌握相关设备的基本操作技能。

二、实验原理

啤酒是以麦芽和水为主要原料，啤酒花为香料，经酵母发酵制成的，含有 CO_2，起泡沫的低酒精度的酿造酒。啤酒具有独特的苦味和香味，营养成分丰富，含有多种人体所需的氨基酸、维生素、泛酸以及矿物质等。啤酒有多种分类方法，以发酵方式可分为上面发酵啤酒和下面发酵啤酒；以色泽可分为淡色啤酒、浓色啤酒以及黑啤酒；以灭菌方式可分为鲜啤酒、生啤酒以及熟啤酒。

三、实验原料及设备

1. 实验原料

麦芽、大米、啤酒花、酵母。

2. 实验设备

粉碎机、糊化锅、糖化锅、蒸汽发生器、制冷器、发酵罐、二氧化碳钢瓶等。

四、实验方法与步骤

1. 工艺流程

　　　　大米粉碎→糊化

　　　　　　　　↓并醪

麦芽粉碎→糊化→糖化→过滤→原麦汁→加酒花煮沸→麦汁旋沉→冷却→发酵→成熟→过滤→包装和灭菌→成品

2. 操作要点

（1）麦芽粉碎：粉碎前 10 min，加麦芽质量 5% 的水湿润麦芽的表面，当麦芽表面无明显水珠时可进行粉碎。润水的目的是增强麦芽韧性，以防止麦芽皮破碎，达到麦芽粉"皮破而不碎"的工艺要求。将麦芽加入料斗中，开始粉碎，粉碎过程中，随时取样检测麦芽粉碎情况，根据麦芽粉的粗细，适当调整磨盘距离和进料量，粗、细粒比例为 1:2.5。

（2）糊化：在糊化锅内加入适量的水（按 12°P 麦汁计量，约 20 kg 水），开蒸汽加热，升温至 50 °C 停止加热。启动糊化锅搅拌，将粉碎好的大米粉（按 12°P 麦汁计量，约 5 kg）、麦芽粉（按大米粉量的 15% 计，约 0.75 kg 或添加淀粉酶）投入糊化锅，50 °C 保温 20 min。开蒸汽加热，以每分钟 1~1.5 °C 的速率升温至 70 °C，保温 20 min。自投料开始起至糊化结束，自始至终开启搅拌，以防止糊锅。

（3）糖化过程：启动糖化锅搅拌，将粉碎好的麦芽粉（按 12°P 麦汁计量，约 12 kg）投入糖化锅，搅拌均匀后，停止搅拌，37 °C 静止保温 20 min。启动搅拌，打开蒸汽加热，以每分钟 1~1.5 °C 的速率升温至 50~55 °C，停止搅拌，静止保温 40 min 进行蛋白分解。蛋白休止结束，启动搅拌，将糊化醪泵入糖化锅内，对醪液加温至 65 °C，停止搅拌，静止保温 70 min，进行糖化。

（4）升温灭酶：启动搅拌，打开蒸汽加热，以每分钟 1~1.5 °C 的速率升温至 78 °C，停止搅拌，静止保温 10 min，等待过滤。

（5）过滤过程：启动糖化、过滤搅拌，将糖化醪泵入过滤槽，泵醪完毕，待糖化醪均匀后停止搅拌。进醪结束，要静置 10~15 min，让其形成自然过滤层。然后打开过滤料阀、回流阀，启动过滤泵，使麦汁在过滤槽内回流 5~10 min。注意回流时，泵的流量调整为最大流量的 20%~30%。通过视镜观察麦汁清亮后，关闭回流阀，打开至糖化锅的过滤阀，将麦汁泵入糖化锅中，泵的流量开始为最大流量的 20%~30%，根据麦汁清亮程度，逐步调大流量，流量控制应保持滤出麦汁与排出阀流出的麦汁达到平衡。过滤 20 min 后，取样测原麦汁浓度。

（6）麦汁煮沸：麦汁过滤结束，开大蒸汽阀门，开始煮沸，麦汁沸腾时开始计时，煮沸时间 90 min，麦汁始终处于沸腾状态。控制沸终麦汁浓度，若在规定时间内浓度未达到要求，可适当延长。麦汁煮沸开始后 5 min 和沸终前 10 min，分别添加苦型和香型酒花，加入量分别为 40 g（0.04%）和 20 g（0.02%）。

（7）麦汁旋沉：煮沸结束，关闭蒸汽阀门，打开糖化煮沸锅出料阀和切线打入阀，同时开启麦汁泵，在糖化锅内循环 10 min，静止沉淀 30 min，然后进行麦汁冷却。

（8）麦汁冷却：经煮沸的麦汁经过预先冷却到-6 ℃的冰水罐（乙醇和水为混合介质），通过换热器管件迅速冷却到发酵温度。发酵温度根据商品化酵母的不同有所不同，常用的一般在 20 ℃以下，大部分是 9～15 ℃。

（9）添加酵母，打入麦汁：预先向消毒后的管道中快速加入提前活化的酵母，利用泵将冷却到 9 ℃左右的麦汁抽到发酵罐的过程中，向发酵罐中加入酵母。待所有麦汁打入发酵罐后持续通入氧气 5 min 左右，让麦汁中溶解足够的氧。

（10）发酵：进入发酵罐的麦汁浓度为 9～12°P，前发酵为 4～5 d，麦汁的浓度下降至 4.5°P 左右，无需控制罐内压力，若环境干净，可以敞口发酵。后发酵，主要是无氧发酵，必须保持罐子密封，温度控制在 12～15 ℃，保持发酵 7～10 d，让其自然升压到 0.1 kPa 左右，当后发酵至无明显的双乙酰味时，发酵结束。

（11）成熟：当发酵结束后，冷却降温，速度不宜过快，以每小时 0.5～1 ℃的梯度降至 2 ℃左右。降温速度过快，会导致紧挨夹套旁的料液容易结冰，使酵母和一些残渣无法自然沉淀，导致啤酒容易浑浊。此温度下贮藏 10～15 d 进行成熟。

（12）过滤：采用硅藻土过滤法或离心分离机进行粗滤，除去酒中沉淀，采用板式过滤机进行精滤。

（13）包装和灭菌：将过滤后的酒液进行包装和灭菌。可不进行灭菌处理，制作鲜啤酒；可采用巴氏杀菌法，63 ℃保温 20 min，制作熟啤酒；也可采用过滤除菌，制作纯生啤酒。

五、实验结果与分析

（1）发酵期间每天观察、记录发酵现象。
（2）对产品进行感官评定，写出品尝体会。

六、思考题

（1）原料中加入大米的目的是什么？
（2）如何控制啤酒中双乙酰的含量？

实验八　白酒的酿造

一、实验目的

（1）学习固态发酵法生产白酒的工艺与蒸馏过程。

（2）掌握酒精发酵与蒸馏的基本原理。

二、实验原理

植物细胞中的淀粉经高温蒸煮可变成溶解状态的糊液，称为糊化过程。在糊化后的糊化醪中加入一定量的糖化剂，变成可发酵性的葡萄糖，称为糖化过程。葡萄糖在酵母菌体内经 EMP 途径生成丙酮酸，在无氧条件下，丙酮酸在脱羧酶的作用下脱羧生成乙醛，乙醛在乙醇脱氢酶的作用下被还原成乙醇，称为发酵过程。产生的乙醇可根据其沸点较低的性质，通过蒸馏的方法与固体发酵物分离。

主要反应式：

$$(C_6H_{10}O_5)_n + nH_2O \longrightarrow nC_6H_{12}O_6$$
$$C_6H_{12}O_6 \longrightarrow 2C_2H_5OH + 2CO_2 + Q$$

三、实验原料及设备

1. 实验原料

大米、稻壳（麦芽）、安琪白酒曲、安琪甜酒曲。

2. 实验设备

蒸锅、天平、量筒、蒸馏器。

四、实验方法与步骤

1. 工艺流程

原料→配料→润料→蒸粮→摊凉→发酵→蒸馏→勾兑→成品

2. 操作要点

（1）蒸料：将 0.1 kg 大米与 0.3 kg 麦芽混合均匀，加入 800 mL 水，边加边搅拌，充分拌匀，放置 10 min 后用纱布包裹，蒸煮 30 min，取出后自然降温至 30 ℃ 左右，注意降温时不要打开。

（2）糖化和发酵：将安琪甜酒曲和安琪白酒曲加入 100 mL35 ℃ 温水中溶解，活化 1 h。当发酵料的温度降到 30 ℃ 时，拌入酒曲的混合液，搅拌均匀后，装入塑料密封袋中，扎紧袋口于 30 ℃ 培养箱中发酵 3~4 d。

（3）蒸馏：将蒸锅加水，将发酵好的原料一层层撒在料锅里，保证料的疏松和均匀，装完料后，立即盖上拍盖，接过汽管。沸腾后可减小火力，保持锅内水沸腾即可，同时打开循环水。

出酒时最初 20 mL 酒头单独接收，酒头中含有较多低沸点的甲醇等杂醇。开始时酒精浓度较高，通常在 80°左右，当酒精浓度低于 30°时停止接收。将酒精溶液混合均匀后，用酒精计测出酒精度。

3. 注意事项

（1）蒸酒过程中，蒸锅表面温度高，不要用手直接触摸。
（2）蒸馏出的酒不能直接饮用。

五、实验结果与分析

（1）对产品进行感官品评。
（2）计算原料出酒率：

$$50°白酒的原料出酒率 = \frac{酒精度数×出酒量(mL)}{原料质量(g)×50}$$

六、思考题

（1）酵母在淀粉转化为乙醇的过程中起什么作用？
（2）发酵过程中为什么要保持厌氧状态？

实验九 啤酒理化指标的测定及感官品评

一、实验目的

（1）掌握啤酒感官品评的方法。
（2）了解啤酒理化指标的测定原理和方法。

二、实验原料及设备

1. 实验原料

啤酒、氢氧化钠、酚酞。

2. 实验设备

泡持杯、铁架台、碱式滴定管、移液管、停表等。

三、实验方法与步骤

1. 啤酒的净含量测定

将瓶装酒样置于 20 ℃ 水浴中恒温 30 min，取出，擦干瓶外壁的水，用记号笔对准酒的液面划一条细线，将酒液倒出，用自来水冲洗瓶内至无泡沫为止，注意不要洗掉划线，擦干瓶外壁的水，准确装入水至瓶划线处，然后将水倒入量筒，测量水的体积，即为瓶装啤酒的净含量。

2. 泡 沫

（1）形态：用眼观察泡沫的颜色、细腻程度及挂杯情况，做好记录。
（2）泡持性：
① 将酒样（整瓶）置于 20 ℃ 水浴中恒温 30 min，将泡持杯彻底清洗干净、备用。
② 将泡持杯置于铁架台底座上，距杯口 3 cm 处固定铁环，开启瓶盖，立即将瓶口置于铁环上，沿杯中心线，以均匀流速将酒样注入杯中，直至泡沫

高度与杯口相齐时为止（满杯时间宜控制在 4 ~ 8 s 内），同时按停表开始计时。

③观察泡沫升起情况，记录泡沫的形态（包括色泽、细腻程度）和泡沫挂杯情况。

④记录泡沫从满杯至消失（露出 0.05 cm² 酒面）的时间。所得结果表示至整数。

注意：测定时严禁空气流通，测定前样品瓶应避免振摇。

3. 外　观

（1）透明度：将注入杯的酒样置于明亮处观察，记录酒的清亮程度、悬浮物及沉淀物情况。

（2）香气和口味

①香气：先将注入酒样的评酒杯置于鼻孔下方，嗅闻其香气，摇动酒杯后，再嗅闻有无酒花香气及异杂气味，做好记录。

②口味：饮入适量酒样，根据所品评的酒样应具备的口感特征进行评定，做好记录。

判定：根据外观、泡沫、香气和口味特征，写出评语，依据附件中的感官要求进行综合评定。

4. 总酸的测定

（1）试样制备：将恒温至 15 ~ 20 ℃ 的酒样倒入锥形瓶中，盖塞，在恒温室内轻轻摇动，开塞放气，盖塞，反复操作，直至无气体逸出为止，用单层中速干滤纸过滤。

（2）于 250 mL 锥形瓶中加入 100 mL 水，加热煮沸 2 min。然后加入试样 10.0 mL，继续加热 1 min，控制加热温度使其在最后 30 s 内再次沸腾。放置 5 min 后，用自来水迅速冲冷盛样的锥形瓶至室温。加入 2 ~ 3 滴酚酞指示剂，用氢氧化钠标准溶液滴定至淡红色即为终点。记录消耗氢氧化钠标准溶液的体积。

四、实验结果与分析

记录实验结果，计算试样的总酸含量（即 100 mL 试样消耗 1.0 mol/L 氢氧化钠标准溶液的体积（mL）。

$$X = 10 \times c \times V$$

式中　X——试样的总酸含量，mL/100 mL；

c——氢氧化钠标准溶液浓度，mol/L；

V——消耗氢氧化钠标准溶液的体积，mL；

10——换算成 100 mL 试样的系数。

附　件

啤酒感官评分标准

一、外观（共 10 分）

1. 色泽：淡黄带绿，淡黄色、淡金黄色 　　　　　　　　　　　（5 分）

2. 透明度：清亮透明，有光泽，无明显悬浮物 　　　　　　　　（5 分）

二、泡沫（共 20 分）

1. 起泡性：泡沫高度至杯子的 1/2 ～ 2/3 　　　　　　　　　　（5 分）

2. 外观性：泡沫洁白细腻 　　　　　　　　　　　　　　　　　（5 分）

3. 泡持性：7 min 　　　　　　　　　　　　　　　　　　　　（5 分）

4. 附着力：饮后泡沫挂在杯子内壁上 　　　　　　　　　　　　（5 分）

三、香气（共 20 分）

1. 具有新鲜酒花香气 　　　　　　　　　　　　　　　　　　　（5 分）

2. 无老化味和氧化味 　　　　　　　　　　　　　　　　　　　（5 分）

3. 无生酒花味 　　　　　　　　　　　　　　　　　　　　　　（5 分）

4. 无其他怪味、异味和腥味 　　　　　　　　　　　　　　　　（5 分）

四、口味（共 50 分）

1. 口味纯正

（1）无明显双乙酰味和高级醇及发酵副产物味 　　　　　　　（11 分）

（2）无麦皮味，酵母味 　　　　　　　　　　　　　　　　　（4 分）

2. 协调爽口

（1）饮后协调爽口，柔和，愉快，无刺激辛辣味 　　　　　　（7 分）

（2）苦味愉快，饮后迅速消失，无后苦涩味 　　　　　　　　（6 分）

（3）无焦糖味及可发酵性糖类的甜味 　　　　　　　　　　　（5 分）

3. 杀口力强，饮后有强烈的刺激清爽感 　　　　　　　　　　（7 分）

4. 口味纯正，饮后感到酒味纯正，口味不单调、不淡薄 　　　（10 分）

实验十　凝固型酸奶和搅拌型酸奶的加工

一、实验目的

（1）了解酸乳制品加工的基本工艺。
（2）掌握影响酸乳质量的因素及控制方法。

二、实验原理

乳酸菌在乳中生长繁殖，发酵分解乳糖产生乳酸等有机酸，导致乳的 pH 下降，使酪蛋白在其等电点附近发生凝集，从而形成凝乳。

三、实验原料及设备

1. 实验原料

鲜牛奶或奶粉、酸奶发酵剂、白砂糖、保鲜膜。

2. 实验设备

酸奶发酵柜、均质机、搅拌罐、灌装机、酸奶瓶、温度计、电子秤。

四、实验方法与步骤

（一）凝固型酸奶的加工

1. 工艺流程

原料预处理→调配（加糖、加水）→均质→杀菌及冷却→接种→装瓶封口→恒温发酵→冷却→贮藏（后熟）→产品

2. 操作要点

（1）配料：根据国家标准，酸奶中蛋白质的含量≥2.9%，白砂糖含量为

5.0% ~ 8.0%，一般不超过 10%。向配料罐中加入 20 kg 纯净水，加热到 40 °C 左右时加入 2.2 kg 奶粉，搅拌溶解，继续加热至温度达 50 °C 左右时加入 1.6 kg 蔗糖溶化，边加料边搅拌，防止原料粘锅，搅拌时长根据物料溶液情况而定，约为 20 min。奶粉中蛋白质含量按 32% 计算，则料液中蛋白质含量为 2.96%，白砂糖含量为 6.9%。

（2）均质：将料液温度升高到 60 °C 左右进行均质。检查管道的开启情况，将配料罐和加热罐的搅拌机一起开启，打开均质机，将压力表上的读数控制在 18 ~ 20 kPa，若超出或低于这个范围，可以旋转压力调节螺杆。均质结束后，关闭管道阀门。

（3）加热灭菌：启动加热罐加热开关和搅拌开关，将物料加热到 90 °C，保持 30 min 进行杀菌。

（4）冷却接种：开启搅拌，向夹套中持续通入流动的凉水，将灭菌后的物料迅速冷却到 45 °C。取少量料液，加入发酵剂后搅拌溶解，然后加入罐中，搅拌 20 min 左右。

（5）灌装封口：将接种后的料液用离心泵输送到灌装机中，前 5 s 内的料液排弃后开始灌装，调节灌装时间为 2 ~ 3 s，控制灌装容量，并迅速用保鲜膜封口。

（6）发酵：将灌装的物料置于凝固型智能酸奶柜中发酵，调整发酵温度，上限 44 °C，下限 42 °C，发酵时间 4 ~ 5 h。判断发酵终点的方法：缓慢倾斜瓶身，观察酸乳的流动性和组织状态，当流动性变差且有小颗粒出现，可终止发酵。发酵时应注意避免震动，发酵温度维持恒定，并掌握好发酵时间。

（7）冷却后熟：调整冷却上限温度 6 °C，下限 3 °C，将发酵后的酸奶进行冷藏后熟 24 h，即得成品。

（二）搅拌型酸奶的加工

1. 工艺流程

原料乳净乳→标准化→调配（加糖、稳定剂等）→均质→杀菌及冷却→接种→发酵→冷却→搅拌→灌装→冷藏（后熟）→产品

2. 操作要点

（1）净乳：原料乳按相关标准进行验收后必须净化，以除去乳中的机械杂质并减少微生物数量。采用多层纱布过滤或离心净乳。

（2）标准化：为了达到国家标准规定的脂肪含量，需要对脂肪含量进行标准化。原料乳中脂肪含量不足时，需加入稀奶油或除去一部分脱脂乳；当

原料乳中脂肪含量过高时，需加入脱脂乳或除去部分稀奶油。

（3）配料：加入 5.0%～8.0%白砂糖，提高产品的口感。为了提高产品的稳定性，防止乳清析出，可加入一定量的稳定剂。

（4）均质：将料液温度升高到 60 ℃ 左右进行均质。检查管道的开启情况，将配料罐和加热罐的搅拌机一起开启，打开均质机，将压力表上的读数控制在 18～20 kPa，若超出或低于这个范围，可以旋转压力调节螺杆。均质结束后，关闭管道阀门。

（5）加热灭菌：启动加热罐加热开关和搅拌开关，将物料加热到 90 ℃，保持 10 min 进行杀菌。

（6）冷却接种：开启搅拌，向夹套中持续通入流动的凉水，将灭菌后的物料迅速冷却到 45 ℃。取少量料液，加入发酵剂后搅拌溶解，然后加入罐中，搅拌 20 min 左右。

（7）发酵：42～44 ℃ 发酵 4～5 h，使 pH 达到 4.6 以下，则发酵结束。发酵时应注意避免震动，发酵温度维持恒定，并掌握好发酵时间。

（8）冷却、搅拌：将发酵乳冷却到 10 ℃ 以下，进行搅拌破乳

（9）灌装封口：将料液进行灌装，并封口。

（10）冷却后熟：调整冷却上限温度 6 ℃，下限 3 ℃，将发酵后的酸奶进行冷藏后熟 24 h，即得成品。

五、实验结果与分析

从色泽、滋味、气味、组织状态等方面对产品进行品评（表 3-1 为参考标准）。

表 3-1　酸奶感官要求

项目	发酵乳	风味发酵乳
色泽	色泽均匀一致，呈乳白色或微黄色	具有与添加成分相符的色泽
滋味、气味	具有发酵乳特有的滋味、气味	具有与添加成分相符的滋味和气味
组织状态	组织细腻、均匀，允许有少量乳清析出；风味发酵乳具有添加成分特有的组织状态	

六、思考题

（1）酸奶发生凝固的原因是什么？

（2）控制酸奶质量应注意哪些方面？

实验十一　发酵香肠的加工

一、实验目的

（1）了解香肠的发酵机理。

（2）掌握发酵香肠的制作工艺。

二、实验原理

发酵香肠也称生香肠，指将绞碎的肉和动物脂肪同糖、盐、发酵剂和香辛料等混合后灌入肠衣，经过微生物发酵而制成的具有稳定的微生物特性和典型发酵香味的肉制品。

三、实验原料及设备

1. 菌　种

乳酸菌。

2. 实验原料

猪肉、肠衣、食盐、亚硝酸盐、香辛料和白砂糖等。

3. 实验设备

蒸锅、培养箱、不锈钢盆、电子天平、真空包装机、绞肉机、冰箱、锥形瓶、移液管、玻璃培养皿、试管、刀具、瓷盘等。

四、实验方法与步骤

1. 工艺流程

原料肉预处理→腌制→绞肉→斩拌→接种→灌肠→干燥和成熟→包装→成品

2. 操作要点

（1）原料肉的选用与预处理：选用合格的鲜猪肉，去除筋腱，并将瘦肉和肥肉分开，将瘦肉切成宽度 5 cm 左右的肉条，肥肉切成粒径 2 cm 左右的小肉丁。

（2）绞肉：要求瘦肉温度在 0 ~ 4 ℃，肥肉温度在 0 ~ 8 ℃ 的冷冻状态，避免水的结合和脂肪熔化。

（3）斩拌：先将瘦肉条和肥肉丁倒入斩拌机中混匀，然后加入食盐、腌制剂、乳酸菌和其他辅料，斩拌混匀。一般要求颗粒直径 1 ~ 2 mm。

（4）接种：将 5 g 脱脂奶粉和 1 g 葡萄糖溶于 50 ~ 100 mL 水中，再加入 1 g 冻干菌粉，常温放置 3 ~ 5 h 进行活化，然后与辅料一起加入肉中。

（5）灌肠：将混合料灌入肠衣中，避免交叉污染，灌肠松紧适宜，在 50 ~ 55 ℃ 箱中烘 14 ~ 16 min 可起到除水分、杀菌作用。

（6）发酵：发酵温度和时间根据不同的产品类型而设定，一般对于干发酵香肠，控制温度为 20 ~ 24 ℃，相对湿度为 75% ~ 90%，发酵 24 ~ 72 h。对于半干发酵香肠，发酵温度控制在 32 ~ 37 ℃，相对湿度控制在 75% ~ 90%，发酵 9 ~ 21 h。

（7）干燥和成熟：半干香肠干燥损失低于其湿质量的 20%，干燥温度在 37 ~ 65 ℃，时间 16 ~ 24 h。干香肠的干燥温度较低，一般为 14 ~ 16 ℃。干香肠的干燥过程也是成熟过程，干燥过程时间较短，而成熟则一直持续至被消费为止，成熟形成发酵香肠的特有风味。

（8）包装：用真空包装机将制品进行包装。

五、实验结果与分析

对产品进行感官品评，写出品尝体会。

六、思考题

（1）发酵香肠生产应注意哪些问题？

（2）香肠加工中加入亚硝酸盐的作用是什么？

实验十二　酸奶加工综合设计实验

一、实验目的

（1）掌握产品配方的设计原理，合理设计产品配方的优化实验，并通过选取其中一个单因素进行实验。

（2）掌握产品的品质评定及质量检测的主要内容，设计完整的检测项目。

（3）掌握酸奶的生产工艺。

二、实验材料

1. 供试材料

纯牛奶、白砂糖、莲藕、直投式酸奶发酵剂。

2. 实验试剂

乙醇,，酒石酸、对氨基苯磺酸、萘胺、浓硫酸、亚硝酸钠、MRS 培养基、氢氧化钠、碘化钾、碘、酚酞、氢氧化钾。

3. 仪器和设备

移液管、洗耳球、三角瓶、培养皿、玻璃珠、涂布棒、脱脂棉、1 mL 枪头、试管、试管硅胶塞、移液器、酸奶瓶、漏斗、滤纸、保鲜膜、记号笔、卷纸、打浆机、勺子、不锈钢锅、碱式滴定管、棕色试剂瓶、试管架、电子天平、纱布、电磁炉、培养箱、冰箱、无菌操作台、灭菌锅、pH 计。

三、实验安排

1. 实验前准备

（1）要求每组内学生自由组合成 4 人左右一小组的团队，选定负责人。

（2）负责人召集小组成员，认真学习本实验内容后，商讨实验设计方案，并形成文案（文案格式参考附件）。要求设计合理的单因素实验，并给出合理的实验水平范围。对于产品品质评价，要求有感官鉴定的评分标准和完整的检测项目。检测项目包括原料乳品质的测定（酒精阳性乳、掺尿素乳等）、酸奶品质的测定（乳酸菌总数、脱水收缩敏感性、pH 等）。可根据实验试剂和设备选择一定数量的检测项目，其中，乳酸菌总数的测定为必选项。

2. 实验周安排

（1）按照实验时间安排，各实验组依次进入实验室进行实验。

（2）第一次实验，各组学生按照预定方案对原料乳进行检测，并选取任意一个单因素进行实验，得到若干实验产品。

（3）第二次实验，对产品品质（除乳酸菌总数）进行检测。

（4）第三次实验，测定产品乳酸菌总数。

（5）每次实验时间安排为 4 学时，请大家根据时间合理安排实验检测项目数。所有学生在安排的实验时间内必须在实验室进行实验，不准迟到和早退。

四、参考资料

[1] 丁武. 食品工艺学综合实验[M]. 北京：中国林业出版社，2012.
[2] 李平兰，等. 食品微生物学实验原理与技术[M]. 北京：中国农业出版社，2010.
[3] GB 19302—2010 食品安全国家标准 发酵乳（见附录 1）。
[4] GB 478935—2010 食品安全国家标准 食品微生物学检验 乳酸菌检验（见附录 2）。

五、实验报告

实验报告要求在实验设计方案及品质检测报告的基础上，将所做实验的结果记录下来，并运用所学理论知识进行合理分析，完成后上交。

附　件

酸奶加工综合实验实验报告

一、实验目的

二、实验原料、试剂及设备

1. 实验原料

......

2. 试剂

（只写你实验中所用到的试剂）

......

1. 实验设备

（只写你实验中所用到的仪器设备）

......

三、实验方法

1.××××添加量对产品的感官影响

......

2.×××感官鉴定方法及标准

......

3.×××检测方法

......

4.×××××××××

四、实验结果

1. 原料品质检测结果

2. ×××（因素）对产品的感官影响结果

3. 产品品质检测结果

4.×××××××××

五、实验反思

第四章

腌制食品加工实验

实验一　无铅皮蛋的加工

一、实验目的

（1）了解皮蛋的加工原理。

（2）掌握原辅材料的选择，皮蛋的加工工艺、操作要点及加工方法。

二、实验原理

禽蛋中的蛋白质遇到料液（或料泥）中的碱（NaOH）后，发生分解、变性而凝固，形成具有弹性的蛋白凝胶体，同时蛋白质中的氨基与糖中的羰基在碱性环境下发生美拉德反应，使蛋白变成棕褐色，而蛋白质分解产生的硫化氢则和蛋黄中的金属离子结合，使蛋黄产生各种颜色。蛋内的化学成分，在碱（NaOH）、蛋内酶和辅料中渗入的有效成分的作用下，发生复杂的变化，形成皮蛋特有的色泽、风味和"松花"等。鲜禽蛋在碱（NaOH）及其他辅料的作用下由鲜蛋变为皮蛋的整个变化过程包括：化清期、凝固期、成色期和成熟期四个阶段。

三、实验原料及设备

1. 实验原料

鲜鸭蛋、烧碱（NaOH）、生石灰、纯碱、食盐、硫酸铜、干黄土、稻壳、红茶末、植物灰、水、酚酞、盐酸、氯化钡、液体石蜡

2. 实验设备

台秤、电子天平、酸式滴定管、滴定架、三角烧瓶、量筒、电炉、缸、桶、勺、盆、木棒、胶手套、锅、刮泥刀、照蛋器等。

四、实验方法与步骤

（一）水腌法制作皮蛋

1. 工艺流程

选蛋→清洗→装缸 ⎫
　　　　　　　　⎬→灌料→腌制→检验→出缸→包泥或封蜡或真空包装
配料→验料→调整 ⎭

→成熟→成品

2. 操作要点

（1）原料蛋的选择：原料蛋必须新鲜，在加工前要认真地选蛋，剔除霉蛋、裂纹蛋、异味蛋、砂壳蛋、破壳蛋等，并按大小分级，按级别进行腌制。

（2）配料：参考配方如下：鲜鸭蛋 30 枚、水 1.5 L、烧碱（NaOH）63 g、食盐 52 g、红茶 30 g、硫酸铜 4.5 g

方法：将除红茶外的其他辅料放入容器中，红茶加水煮茶汁，过滤茶渣，趁热将茶汁冲入放辅料的容器中，充分搅拌溶解，冷却待用。

（3）料液的碱度测定（滴定法）：准确吸取澄清料液 4 mL，加入 300 mL 的三角瓶中，加入 100 mL 蒸馏水稀释，再加入 10%的 $BaCl_2$ 溶液 10 mL，摇匀，静置片刻后，加入 3 ~ 5 滴酚酞指示剂，用 1.0 mol/L 的标准 HCl 溶液滴定至粉红色恰好消褪为止，所用 HCl 溶液的体积（mL）即为料液中 NaOH 的含量。一般在 4.2% ~ 4.5%为宜。

（4）装缸、灌料：将检验合格的蛋装入缸内，装至离缸口 15 ~ 17 cm，蛋打横摆放，上面加盖竹片，防止蛋上浮。然后将调整好碱度已冷却的料液徐徐灌入，将蛋全部淹没，缸口用塑料薄膜扎封。将陶缸置于 15 ~ 25 ℃ 室内腌制，腌制期间温度应保持基本稳定，陶缸不能移动。

（5）检查：灌料后，室温要保持在 20 ℃ 左右，最低不能低于 15 ℃，最高不能超过 30 ℃。在浸泡腌制过程中，通常需要进行至少 3 次检查。

第一次检查：为鲜蛋下缸后第 7 天，检查蛋白的凝固情况。检查方法：从缸中取出样蛋 3 个，用灯光透视，若蛋黄贴蛋壳一边，类似鲜蛋的红搭壳、黑搭壳，蛋白呈阴暗状；剥开，可见蛋已凝固，但颜色未变，说明蛋白凝固良好，不用动。若蛋白像鲜蛋一样，说明料液中碱量不够，要及时补充。若整个蛋大部分发黑，说明料液中碱量过多，必须提早出缸或用冷茶水稀释。

第二次检查：为鲜蛋下缸后第 15 天左右。剥开蛋壳，若蛋白已经凝固，表面光洁，褐中带青，全部上色，蛋黄已变成褐绿色，则情况正常。

第三次检查：为鲜蛋下缸后第 20 天左右。剥壳后，若蛋白凝固光洁、不粘壳，呈墨绿色或棕褐色，蛋黄呈绿褐色，蛋黄中线呈淡黄色溏心，则正常。此时如发现蛋白烂头、粘壳，说明碱性太强，必须提早出缸。如发现蛋白软化不坚实，表示碱性不够，需推迟出缸时间。

溏心皮蛋成熟时间一般夏季为 24 ~ 28 d，春秋冬季需 30 d 以上。气温高，时间短些，气温低则时间稍长，经检查已成熟的皮蛋可以出缸。

（6）出缸：当抽样剖检发现蛋白凝固硬实/有弹性，色泽为茶红色，蛋黄有 1/3 ~ 1/2 凝固，溏心颜色不再有鲜蛋的黄色时即可出缸。

出缸后将皮蛋用清水洗净，于通风阴凉处晾干，剔除破、次、劣质皮蛋。剔除破、次、劣质皮蛋的方法：

① 观：观察皮蛋的壳色和完整程度，剔除蛋壳黑斑过多和有裂纹的蛋。

② 颠：将皮蛋放在手中抛颠数次，好蛋有轻微弹性，反之则无。

③ 摇：用拇指、中指捏住皮蛋的两端，在耳边上下摇动，若听不出声响则为好蛋；若听到内部有水流的撞击声，即为水响蛋；若听到只有一端发出水荡声则说明是烂头蛋。

④ 弹：用手指轻弹皮蛋两端，若发出柔软的"特""特"的声音则为好蛋；若发出比较生硬的"得""得"声即为劣蛋（包括水响蛋、烂头蛋等）。

⑤ 照：将皮蛋置于照检专用灯下透视，若蛋的大部分呈黑色，小头呈棕色，而且稳定不动，即为好蛋。若蛋内有水泡阴影来回转动，则为水响蛋。若蛋内全部呈黄褐色，并有轻微移动现象，则为未成熟的皮蛋。若蛋的小头蛋白过红，则为碱伤蛋。

⑥ 尝：随机抽取样品皮蛋剥壳检验，先观察外形、色泽、硬度等情况；再纵向剖开，观察其内部的蛋黄、蛋白的色泽、状态；最后用鼻嗅、嘴尝，评定其气味、口味。

（7）包装：用残料拌和黄土调成浆糊状，包裹在蛋上，然后再裹上一层谷壳，放入陶缸或塑料袋中，室温下密封贮藏。保存期间要注意不使料泥干裂，甚至脱落，否则会引起皮蛋变质。也可用涂膜剂涂膜，装入纸箱或用小盒包装好在室温下避光贮藏。

（二）包泥法制作皮蛋

1. 工艺流程

配料→制料→起料→冷却→打料→验收→照蛋→靠蛋→分组→搓蛋→钳蛋→装缸→质检→出缸→选蛋

2. 操作要点

（1）料泥的配制：包泥法适于春秋两季生产，不同地区不同季节其配方略有差异，参考配方如下：鲜鸭蛋 100 枚、生石灰 2.5 kg、纯碱 1 kg、红茶末 0.5 kg、食盐 0.4 kg、干黄土 2.5 kg、植物灰 2.5 kg、水 5 kg。

制料时先将红茶末放入锅内，加水煮沸（或用 5 kg 沸水冲入红茶末中），趁热倒入预先放好石灰的缸中，待石灰与之作用达 80%左右时，加入碱粉和食盐。当石灰全部作用后，把杂质和石灰渣除去，为保证料液浓度，须按量补足石灰。将植物灰倒进搅拌机内，再将含碱、盐、石灰的茶叶料液倾入，开动机器搅拌均匀后，将混匀的料泥倾倒在地上，平摊 10 cm 左右的厚度，并用铁铲划成 30 cm 见方的小块，冷却后待用。

将冷却好的料泥投入打料机内打料数分钟至料泥发粘即可。配制好的料泥除用感官检查外，最好用滴定法测定其碱度（4.2% ~ 4.5%），以保证其质量。

（2）搓、钳蛋：取蛋 1 枚、料泥 30 ~ 35 g，用双手合拢轻搓，使蛋身裹满料泥。搓蛋时应力求均匀一致，防止厚薄不匀和漏壳现象。搓好后轻放在稻糠里，使蛋壳表面粘满稻糠后，用竹夹钳到缸内排列。

（3）封缸：缸装满后，用两层塑料薄膜封口，不能漏气，在缸上贴上标签，注明制作时间、数量等，在 17 ~ 25 ℃ 的温度下腌制成熟。

（4）抽样检查：第一次抽样时间，春秋季（室温 15 ~ 21 ℃）在第 15 ~ 16 天，冬季（室温 5 ~ 10 ℃）在第 22 天，夏季（室温 26 ~ 35 ℃）在第 9 天。在蛋接近成熟时，要经常抽检，春秋季 60 ~ 70 d，夏季 40 ~ 50 d，冬季 70 ~ 80 d 即可出缸。

（5）选蛋包装：包泥蛋因不能直接透视观察，常根据"一观、二掂、三摇、四敲、五弹、六品尝"结合进行鉴定，而且以敲为主，以摇为辅。将包泥完整、稻壳金黄、料泥湿润不干燥、蛋壳无破损、无霉变的蛋装箱储藏。

五、实验结果与分析

腌制期间定期观察、记录腌制现象，对产品进行剖检。

六、思考题

（1）皮蛋腌制的原理及特点是什么？
（2）料液处理对皮蛋腌制质量有何影响？
（3）评价所做皮蛋成品的质量，分析实验结果。

实验二 咸蛋的腌制加工

一、实验目的

（1）掌握咸蛋腌制的一般流程及过程控制。
（2）学习咸蛋成品的后处理及质量控制。

二、实验原理

咸蛋主要用食盐腌制而成，食盐渗入蛋中，由于食盐溶液产生的高渗透压，微生物细胞体内的水分渗出，使微生物细胞脱水而抑制其生长发育，延缓了蛋的腐败变质。同时食盐还可降低蛋内蛋白酶的活性，使蛋内容物的分解变化速度减慢，从而延长蛋的保藏期。

三、实验原料及设备

1. 实验原料

新鲜鸭蛋、食盐、干黄土、草灰、水。

2. 实验设备

小缸或小坛、台秤、照蛋器、容器、木棒。

四、实验方法与步骤

（一）泥腌蛋制作

1. 工艺流程

配料→打料→裹泥→贮存

2. 操作要点

（1）配料：鲜鸭蛋 1000 枚，食盐 6.5 kg，干黄土 8 kg，水 4 kg。

（2）工艺：将食盐放在容器内，加水使其溶解，再加入搅碎的干黄土，待黄土充分浸泡吸水后，用木棒搅合，调成糊状泥料；然后将挑选好的鸭蛋放于调好的泥浆中，使蛋壳上全部粘满盐泥后，点数入缸或装箱，最后将剩余的泥浆倒在蛋上，封口。夏季 25～30 d，春秋季 30～40 d 即得成品。

（二）水腌蛋制作

1. 工艺流程

配料→入缸→腌制→贮存。

2. 操作要点

（1）盐水的配制：根据 1 kg 鲜蛋用 1 kg 盐水的原则，配制浓度为 20% 的食盐水，冷却待用。

（2）入缸：将挑选好的鲜鸭蛋放入缸或罐内，至缸口 5～6 cm 处，再用稀眼竹盖压住，然后缓慢倒入盐溶液，以能将蛋全部浸没为止，然后加盖密封使其成熟。

（3）腌制：盐水腌制的咸蛋成熟期要比泥腌蛋短。夏季一般 15～20 d，冬季 30 d 左右即可食用。但这种咸蛋不宜久存，在夏季更要特别注意。

五、实验结果与分析

腌制期间定期抽样剖检，观察蛋黄成熟度。对产品煮熟后，品评其口感、色泽等。

六、思考题

（1）比较两种方法腌制的咸蛋的制作过程、成品质量。
（2）哪些措施可以延长咸蛋的保质期？
（3）评价所做咸蛋成品的质量，分析实验结果。

实验三 糟蛋的加工

一、实验目的

（1）了解糟蛋的加工原理、过程。

（2）掌握糟蛋的加工方法。

二、实验原理

糯米在酿制过程中，糖化菌将淀粉分解成糖类，糖类再经酵母菌发酵产生醇类（乙醇为主），同时部分醇氧化为乙酸；加上添加的食盐，共同存在于酒精中，通过渗透和扩散作用进入蛋内，发生一系列的物理和化学变化。乙醇和乙酸可使蛋白质凝固变性；酒糟中的乙醇和糖类渗入蛋内，使糟蛋带有醇香味和轻微的甜味；乙酸侵蚀碳酸钙，使蛋壳变软、溶化脱落成软壳蛋；渗入蛋内的食盐可使蛋内容物脱水，促进蛋白质凝固，同时咸味也具有调味作用，增加了糟蛋的风味和适口性，且增加了其防腐能力。我国著名的糟蛋有浙江省平湖县的平湖糟蛋和四川省宜宾市的叙府糟蛋。

三、实验原料及设备

1. 实验原料

鲜鸭蛋、糯米、酒药、食盐等。

2. 实验设备

制酒糟缸、台秤或杆秤、竹片、蒸锅、照蛋器、容器、温度计等。

四、实验方法与步骤

（一）平湖糟蛋加工

1. 工艺流程

　　糯米清洗→蒸饭→淋饭→拌酒药→酿酒制糟

　　　　　　　　　　　　　　↓

　　鲜鸭蛋检验→洗蛋→晾蛋→击蛋破壳→装坛→封坛→成熟→成品

2. 操作要点

（1）糯米的选择与加工：选用颜色洁白、米粒饱满、杂质少、无异味的糯米。先将糯米进行淘洗，洗净后放在缸内用清水浸泡，水量过米面 5 ~ 6 cm 为好。浸泡时间以气温 12 ℃ 浸泡 24 h 为宜。气温每上升 2 ℃，浸泡时间减少 1 h；下降 2 ℃，增加 1 h。投料量按照 100 枚蛋用糯米 9.0 ~ 9.5 kg 计算。

（2）蒸饭：将浸好的糯米捞出后，用冷水冲洗干净，倒入蒸桶内（37.5 kg/桶），将米面铺平。先把锅内水烧开，再将蒸桶放到蒸板上蒸煮。先不加盖，待蒸汽从锅内透过米上升后，再用木盖盖好。约 10 min 后，揭开木盖，用竹帚蘸热水撒泼在米饭上，使米饭整胀均匀。再加盖蒸 15 min。揭开盖，用木棒将米搅拌一次，再蒸 5 min 即可。蒸饭的程度以出饭率达 150% 左右，要求饭粒松软、无白心、熟而不黏、透而不烂。

（3）淋饭：蒸煮后的米饭，用冷水进行冲淋冷却，每桶饭用水 75 kg，2 ~ 3 min 淋尽，使热饭温度降至 28 ~ 30 ℃。淋饭后沥去多余的水分，防止拖带水分过多而不利于酒药中根霉的生长繁殖。

（4）酿酒制糟：将沥干水分的饭倒入缸中，撒上研成细末的酒药。酒药的用量以 50 kg 米出饭 75 kg 计算，需加入白酒药 165 ~ 215 g，甜酒药 60 ~ 100 g，根据气温酌情增减。饭和酒药搅匀后，拍平、拍紧，表面再撒一层酒药，中间挖一个直径约 30 cm 的圆洞，上大下小，达缸底，缸底不要留饭，缸四周包上草席或其他保温材料，缸口用清洁、干燥的盖子盖好。20 ~ 30 h 后，内温达 35 ℃，当洞内酒汁有 3 ~ 4 cm 深时，可将盖子一侧支起 12 cm 高。每隔 6 h 将酒酿用勺泼在糟面上，7 d 后，把酒糟拌和，灌入坛内，静置 14 d。

　　品质优良的酒糟色白、味香、带甜味，乙醇含量 15% 左右，波美度 10° 左右。若发现酒糟发红，有酸辣味，则不可使用。

（5）选蛋击壳：选择 65 g 以上的新鲜鸭蛋，洗刷干净，晾干。手持竹片（长 13 cm、宽 3 cm、厚 0.7 cm），对准蛋的纵侧从大头部分轻击两下，在小头再击一次。要求壳破而膜不破。

（6）装坛：

①蒸坛：先检查坛子是否有破漏，用清水洗净后进行蒸汽消毒。消毒时，底朝上，涂上石灰水，然后倒置在带孔眼的木盖上，再放在锅上，加热锅里的水至沸腾，使蒸汽通过盖孔冲入坛内杀菌。若坛底或坛壁有气泡或蒸汽透出，即是漏坛，不能使用。待坛底水蒸干时，即可把口朝上，冷却待用。

②落坛：取消过毒的糟蛋坛，用酿好的酒糟 4 kg 铺于坛底，摊平后，将蛋放入，蛋的大头朝上，直插入糟内，蛋与蛋之间间隙不宜太宽，也不可过挤，以蛋四周均有糟，且能旋转自如为宜。第一层排好后再放酒糟 4 kg，同样将蛋放上。一般每坛放两层蛋，共 120 枚，其中第一层为 50 多枚，第二层 60 多枚。第二层排满后再用 9 kg 酒糟摊平盖面，然后均匀撒上 1.6 ~ 1.8 kg 食盐。

（7）封坛：将坛口用牛皮纸密封。封坛是防止生成的乙醇和乙酸挥发以及细菌进入。每坛上面标明日期、蛋数、级别，以便检验。

（8）成熟：糟蛋的成熟期为 4.5 ~ 5 个月。为了控制糟蛋的成熟质量，应逐月抽样检查。糟蛋在成熟过程中逐月正常变化情况如下：

第一个月，蛋内容物与鲜蛋基本相同，蛋壳带蟹青色，在击破裂纹处较为明显。

第二个月，蛋壳裂缝加宽，蛋壳与壳下膜及蛋白膜逐渐分离，蛋白为液体状，蛋黄开始凝固。

第三个月，蛋壳与壳下膜全部分离，蛋黄全部凝固，蛋白开始凝固。

第四个月，蛋壳与壳下膜脱开 1/3，蛋白呈乳白状，蛋黄带微红色。

第五个月，蛋壳大部分脱落，或虽有部分附着，只要轻轻一剥即可脱落。蛋黄呈橘红色的半凝固状态，蛋白呈乳白色胶冻状。此时蛋已糟渍成熟。

（二）叙府糟蛋的加工

1. 工艺流程

选蛋→洗蛋→晾蛋→击蛋破壳→配料→装坛→翻坛去壳→白酒浸泡→加料装坛→再翻坛→成品

2. 操作要点

（1）选蛋、洗蛋和击蛋破壳方法同平湖糟蛋加工。

（2）配料：150 枚蛋需要甜酒糟 7 kg、68°白酒 1 kg、红糖 1 kg、陈皮 25 g、食盐 1.5 kg、花椒 25 g。

（3）装坛：将以上配料搅拌均匀后，把全量的 1/4 铺于坛底，然后将击破蛋壳的鸭蛋 40 枚，大头朝上竖立放在糟中；再加入甜糟约 1/4，铺平后再大头朝上放入鸭蛋 70 枚左右；加 1/4 甜糟，大头朝上放入剩余的 40 枚鸭蛋；最后加入剩下的甜糟，铺平后用塑料膜密封坛口，在室温下存放。

（4）翻坛去壳：在室温下糟渍 3 个月左右，将蛋翻出，保留壳内膜，只剥去蛋壳。这时的蛋已成为无壳的软壳蛋。

（5）白酒浸泡：将剥完壳的蛋放入缸内，加入 68°白酒（150 枚需 4 kg）浸泡 1~2 d。这时蛋黄与蛋白完全凝固，蛋壳膜稍膨胀而不破裂。如有破裂者，应作为次品处理。

（6）加料装坛：在原有的酒糟中再加入红糖 1 kg、食盐 0.5 kg、陈皮 25 g、花椒 25 g，熬糖（将 2 kg 红糖加适量的水熬煮成拉丝状，冷却后备用），充分搅拌均匀。按步骤（3）装坛方法，将用白酒浸泡的蛋取出，一层糟一层蛋，装入坛内。最后加盖密封，储藏于干燥阴凉的仓库内。

（7）再翻坛：加料装坛后，再次储存 3~4 个月时须再次翻坛，使糟蛋均匀糟渍。同时，剔出次劣糟蛋。翻坛后的糟蛋仍应浸渍在糟料内，加盖密封后储于库内。

从开始加工直至糟蛋成熟，需 10~12 个月。成熟后的糟蛋蛋质软嫩，蛋膜不破，色泽红黄，气味芳香，可存放 2~3 年。

五、实验结果与分析

糟制期间观察、记录现象，对产品进行品评。

六、思考题

（1）糟蛋加工的原理及特点是什么？
（2）分析次劣糟蛋产生的原因，如何控制成品质量？

实验四 果脯的制作

一、实验目的

（1）了解糖制的基本原理以及添加剂的使用对果脯品质的影响。

（2）掌握果脯制作的基本工艺。

二、实验原理

果脯是以食糖的保藏作用为基础进行加工保藏的一种果蔬制品。其原理是在糖煮和糖渍过程中，果蔬中的水分和气泡被糖分取代，一方面利用高糖溶液的高渗透压作用和降低水分活度作用来抑制微生物生长发育，延长贮藏期；另一方面赋予产品特有的色泽和风味。

三、实验原料及设备

1. 实验原料

水果原料（苹果等）、柠檬酸、蔗糖、食品级亚硫酸钠、食品级氯化钙、氢氧化钠。

2. 实验设备

不锈钢锅、烘箱、糖度计、电炉、刀、电子秤、pH 计、天平等。

四、实验方法与步骤

1. 工艺流程

原料选择→预处理→护色→糖煮→糖渍→整形→烘干→包装→成品

2. 操作要点

（1）原料选择：选择成熟度适中、耐煮制、果心小、不易褐变的果蔬原料。

（2）原料预处理：

① 清洗：将选好的果蔬原料在流动的清水中清洗干净，除去附着在表面的泥沙和其他异物。

② 去皮、切分：苹果皮口感差，不利于糖的渗透，必须除去。用不锈钢刀削去果皮，去皮厚度不得超过 1.2 mm。然后切成 4 瓣并挖去果心，用清水洗净。

（3）护色：将处理好的果蔬浸入 0.1%的氯化钙和 0.2% ~ 0.3%的亚硫酸钠混合液中，浸泡 2 ~ 4 h，固液比为（1.2 ~ 1.3）:1，进行硬化和硫处理。肉质较硬的果蔬不需硬化，只做硫处理。浸泡完毕后捞出，用清水漂洗 2 ~ 3 次，备用。

（4）糖制：分为一次煮成法和多次煮成法两种。应根据果实的性质来确定煮制的方法。

① 一次煮成法：

一次煮成法主要用于加工的水果果实含水量较低、细胞间隙较大、组织结构较疏松的果类，如苹果、枣等。具体的煮制和浸制时间应根据果蔬种类的不同而分别确定。

用水和白砂糖配制成质量分数 40% ~ 50%的糖液 25 kg，加热煮沸，倒入果块 30 kg，煮沸数分钟后，加入白砂糖，加糖次数 2 ~ 3 次，直到糖液中的可溶性固形物含量达到 65%。全部糖煮过程需 30 ~ 40 min，待果块呈透明时，立即出锅，将果块连同糖液倒入缸中浸渍 24 ~ 28 h。

② 多次煮成法：

多次煮制法适用于果实含水量较高、细胞较厚、组织结构较致密、煮制过程中容易糜烂的果类。此类果实采用一次煮制浸渍，不仅糖液难以浸透到果实内部，而且容易煮烂甚至煮成果酱，因而采取多次煮制浸渍法。如桃、梨、杏等都是采取多次煮制法加工。其中有的梨虽然不易煮烂，但由于其含水量较高，糖分难以浸透到内部，煮制过程中果实中的水分在糖液浸沁下大量渗出，降低了糖液浓度，若延长煮制时间，必然会提高成本，所以一般也都采取多次煮制法。

第一次糖煮：取水 2 kg 放入锅中，加热至 80 ℃ 时，加入白砂糖 2 kg，同时加入柠檬酸 4 g，煮沸并保持 5 min；取已处理好的果块 5 kg，放入沸腾的糖液中，继续煮沸 10 ~ 15 min，然后连同糖液带果块一起转入另外一容器中浸泡 24 h。测量并记录糖液的浓度。

第二次糖煮：将糖液及果块放入锅中加热至沸腾后，分两次加入白砂糖 2 kg，保持微沸至糖液浓度达 65%时，加入 65%冷糖液 2 kg，立即起锅，放入容器中浸泡 24 ~ 28 h。

出锅时，再升温至 80 ℃ 左右，将果块捞出沥干糖液，使果碗朝上摆入烘盘。

③冷热交替法：

配制 40%的糖液，加热到沸腾，将切好的与糖液等质量的果蔬块沿边缘倒入，煮 15 min 左右后，将其捞出冷却。

重新用 60%的糖水煮，一段时间后再捞出在冷水里浸。

（5）烘干：于 60 ~ 66 ℃ 下烘烤，期间翻盘、整形 2 次，烘至果块含水量 18% ~ 20%，总糖 65% ~ 70%即为终点。一般烘烤 20 h 左右。

（6）包装：挑出带黑点、焦片等不合格产品，余下的合格品用真空包装机包装。

五、实验结果与分析

制作期间观察、记录果蔬块色泽变化现象，对产品进行品评。

六、思考题

（1）糖煮过程中可能会出现哪些问题，如何预防？

（2）产品如发生返砂和流糖，是何原因？如何防止？

（3）评价所做果脯成品的质量，分析实验结果。

实验五　腊肉的加工

一、实验目的

（1）了解腊肉的加工过程。

（2）掌握腊肉的加工原理。

二、实验原理

腊肉是利用盐来除去鲜肉中多余的水分，使其变干，不易变质。其原理是在腌制过程中，一方面利用盐的高渗透压作用和降低水分活度作用来抑制微生物生长发育，延长贮藏期；另一方面赋予产品特有的色泽和风味。

三、实验原料及设备

1. 实验原料

健康新鲜剔骨猪肋条、精盐、白砂糖、酱油、硝酸盐、大曲酒（60°）、花椒、五香粉等。

2. 实验设备

麻线、剔骨刀、剥皮刀、天平（感量 0.1 g）、台秤、烘烤熏烟炉、小腌缸（坛）、温度计、竹竿等。

四、实验方法与步骤

（一）广式腊肉的加工

1. 工艺流程

配料

↓

原料肉预处理→腌制→烘制→成品

2. 操作要点

（1）原料肉的预处理：选择健康猪的腰部、肋部和下腹部的新鲜肉，将猪肋条肉去骨，包括肋骨、椎骨和软骨，切除奶脯，切成约 3 cm 宽、36～40 cm 长、0.17 kg 的长条。在肉的一头刺一小孔，系上 15 cm 长的麻绳。然后，用 40 ℃ 的温开水洗去浮油，沥干表面水分，放入配料腌制。

（2）配料：配料标准按照每 50 kg 修整后的肉计，用精盐 1.5 kg、硝酸盐 25 g、白砂糖 2 kg、酱油 2 kg、60°的大曲酒 0.9 kg，花椒、八角等香料适量。将以上配料混合均匀，并等盐、糖等溶化后才可使用。

（3）腌制：将切好的肉条放入拌料容器中，倒入配好的料液拌合均匀，然后倒入腌缸中腌制。每隔 1～2 h 上下翻动一次，腌制 5～8 h 后，取出挂在竹竿上（如有多余料液，可分次涂抹于肉条表面），晾晒至肉条表面稍干后，再进行烘制。

（4）烘制：用烤炉或烘箱烘制，温度控制在 45～50 ℃，烘烤过程中要上下调换位置，注意检查质量，以防出现次品，一般烘烤 72 h 左右即可。此外，还可用日光曝晒法，晚上移入室内，晒至肉表面出油即可。但遇阴雨天气，应及时进行烘烤，以防变质。

（5）成品：成品肥肉应呈透明金黄色，瘦肉红亮，味香而鲜美，肉条整齐、干爽、结实，不带碎骨，表面无盐霜，具有广式腊肉固有的风味。要求成品率不低于 70%。

（二）四川腊肉的加工

1. 工艺流程

配料

↓

原料肉预处理→腌制→烘制→成品

2. 操作要点

（1）原料肉预处理：选用健康新鲜的猪肉，剔骨带皮，切成长 30～40 cm、宽 4～6 cm，质量 0.7～0.85 kg 的长条肉块。

（2）配料：每 10 kg 肉，用食盐 0.7～0.8 kg、糖 50 g、白酒 15 g、花椒粉 10 g、硝酸盐 0.2 g、混合香料 15 g（用桂皮 30 g、八角 10 g、甘草 20 g 碾成粉末，混合而成）。

（3）腌制：将配料拌匀，在肉上涂抹均匀，然后将肉块皮面朝下，肉面朝上（最上层皮面向上），平放在腌缸内，并将剩余的配料均匀地撒在腌肉面上。腌制 3～4 d 时翻缸一次，再腌 3～4 d，配料全部渗入肉内即可出缸。

（4）水洗：出缸后，将肉上的白霜或杂质用 15～20 ℃ 的温水洗净，然后悬挂在通风处晾干，再进行烘烤。

（5）烘烤：用烤炉或烘箱烘烤，开始时温度 40 ℃ 左右，经过 4～5 h 后，开始逐步降温，烘烤时间需 40～48 h。在烘烤过程中，当烤至肉皮略带黄色时，翻竿一次；烤至皮色干硬，肥肉透明或呈乳白色，瘦肉呈鲜红色时，即可出炉。

（6）成品：腊肉出炉后，悬挂在通风处，散尽热气后即为成品，成品率为 70% 左右。成品规格：呈长条状，无骨带皮，每块质量 0.5～0.75 kg，长度 27～33 cm，宽度 3.3～5.0 cm，色泽鲜明，肥肉呈透明或乳白色，瘦肉鲜红色，肉身结实、干爽、有弹性，指压无明显凹痕，具有腊肉固有风味，不哈不臭。

五、实验结果与分析

腌制期间观察、记录肉块色泽变化现象，对产品进行品评。

六、思考题

（1）为何一般在冬季生产腊肉？
（2）腊肉的防腐机理是什么？
（3）评价所做腊肉成品的质量，分析实验结果。

实验六 腌制食品加工综合设计实验

一、实验目的

参照本章腌制实验，选择合适的原料进行腌制，并对加工的产品品质进行评定，同时进行成本核算。使学生掌握腌制产品的加工方法，培养学生进行实验设计、实际操作的能力及发现问题、分析问题、解决问题的能力，培养学生在综合设计实验中的团队协作精神。

二、实验内容

根据自身兴趣，自行设计方案，制作一种腌制产品。

三、实验要求

（1）4~5人为一个小组，以小组为单位进行实验。
（2）根据自身选定的腌制产品的种类，设计一种或多种加工工艺。

四、制订实验计划

根据选定的工艺进行实验方案设计，包括实验原材料的选择与购买、加工设备、实验因素水平等。

五、进行实验

按照制订好的实验计划开展实验，腌制期间定期观察、记录腌制现象。在实验过程中发现问题、解决问题，从而完善产品制作的程序，掌握工艺流程中的品质控制点。

六、实验报告

实验完毕后，对腌制好的产品进行品评，同时对实验过程中出现的问题进行分析，讨论解决措施，最后对整个实验过程进行归纳总结，写出实验报告。

第五章

冷冻食品加工实验

实验一　速冻水饺的制作

一、实验目的

（1）掌握速冻水饺制作备的一般流程及过程控制。
（2）了解速冻的原理及速冻面食对面粉特性的要求。

二、实验原理

　　食品速冻主要是指食品制作好后，在-30 ℃下快速冻结，使其在短时间内（通常为 30 min）通过最大冰晶体生成带（-5～-1 ℃），当食品中心温度达到-18 ℃时，速冻过程结束。要求速冻阶段耗费时间尽量短。经速冻的食品中形成的冰晶体较小（直径小于 100 μm），而且几乎全部散布在细胞内，细胞破裂率小，从而能获得品质较高的速冻食品。速冻食品包括速冻点心和速冻菜肴，如饺子、包子、春卷、汤圆、牛排、炸丸子、炒饭等。

三、实验原料及设备

1. 实验原料

　　饺子粉、合格新鲜猪肉或冷冻肉、蔬菜、白砂糖、食盐、味精、葱、蒜、生姜等。

2. 实验设备

　　超低温冰箱、冰箱、和面机、刀、砧板、盆等。

四、实验方法与步骤

1. 工艺流程

　　原辅料的准备→面团及饺馅的制作→包制→整形→速冻→包装→低温冻藏

2. 操作要点

（1）原辅料准备

① 面粉：面粉须选用优质、洁白、面筋度高的特制精白粉，可选用特制水饺专用粉。

② 原料肉：必须选用经检验检疫合格的新鲜猪肉或冷冻猪肉。严禁使用经反复冻融的冷冻肉。冷冻肉一般在 20 ℃ 左右解冻 10 h，中心温度控制在 2 ~ 4 ℃。原料肉须剔骨去皮，剔除色泽气味不正常的部位，修净淋巴结及严重充血、淤血处，修净毛根等。将修好的肉用流动水洗净沥水，绞碎备用。

③ 蔬菜：将蔬菜的枯叶、腐烂部分及根部去掉，洗净后焯水，然后迅速用冷水使其在短时间内降至室温，沥水绞碎后挤干菜水备用。烫菜数量要做到随烫随用。

（2）面团调制：拌和面粉时一定要做到计量准确，定量加水，适度拌和。要根据季节和面粉质量控制加水量和拌和时间，气温低时加水量可多一点，将面团调制得稍软一些；气温高时加水量可少点，将面团调制得稍硬一些，这样有利于水饺成形。调制好的面团可用干净的湿布盖好，防止面团表面风干结皮，静置 5 min 左右。面团的调制是成品质量优劣和生产操作能否顺利进行的关键。

（3）饺馅配制：饺馅配料要求计量准确、搅拌均匀。根据原料的质量、肥瘦比、环境温度控制好饺馅的加水量。通常肉的肥瘦比控制在 3∶7 或 2∶8 较为适宜。先往绞馅中加入调味品（盐、味精、生姜等），然后加水。加水量：新鲜肉>冷冻肉>反复冻融的肉；四号肉>二号肉>五花肉>肥膘；温度高时加水量少于温度低时。在夏季高温时还须加入一些 4 ℃ 左右的冷水拌馅，以降低饺馅温度，防止其腐败变质和提高其持水性。一般情况下，饺子馅在满足口感风味的要求下应尽量少加水。加水后必须充分搅拌才能使绞馅均匀、黏稠，制成的水饺制品才饱满充实。如果搅拌不充分，水饺成型时易出现裂口、包合不严、烂角、汁液流出现象，水饺煮熟后也易出现漏馅、走油、穿底等不良现象。如果是菜肉混合馅水饺，在肉馅基础上再加入经处理待用的蔬菜一起搅拌均匀即可。

（4）水饺包制：目前，工厂生产大多采用水饺成型机包制水饺。水饺包制是水饺生产中极其重要的一道技术环节，它直接关系到水饺大小、形状、皮的厚薄、皮馅的比例、重量等质量问题。工作前要清理调试好包饺机，检查机器运转是否正常，保持机器清洁。在包制过程中要及时添加面（切成长条状）和馅，以确保饺子形状完整，大小均匀。包制结束后按规定清洗机器有关部件，再依次装配好，备用。包制的水饺要求密实，形状整齐，不得有瘪肚、露馅、变形、缺角、带小辫子、烂头、带皱褶、粘连、带花边、饺子两端大小不一等异常现象。

（5）整形、放置：包好的饺子，要轻拿轻放，手工整形以保持饺子良好的形状。在整形时要剔除瘪肚、缺角、开裂、异形等不合格饺子。整形时用力过猛、不合理的手拿方式、排列过紧、相互挤压等都会使成形良好的饺子发扁、变形，甚至出现粘连、汁液流出、饺皮裂口等现象。

（6）速冻：整形好的饺子要及时送速冻间进行冻结。如果放置时间过长，饺子馅内的水分会渗透到饺子皮内或流出饺子皮外，影响水饺色泽，因此包好的饺子应立即送入速冻间速冻。

（7）包装：水饺冻结好后即可装袋。在装袋时要剔除破损、烂头、裂口的饺子以及连结在一起的水饺等。包装袋封口要严实、牢固、平整、美观。做好标记。包装完毕要及时送入低温库。

（8）低温冷藏：包装好的成品水饺必须在-18 ℃ 的低温库中冷藏，库房温度必须稳定，波动不超过±1 ℃。

五、实验结果与分析

饺子制作过程中，观察并记录饺子皮的成形及饺子包制的过程，对产品进行品评。

六、思考题

（1）影响水饺成型的因素有哪些？
（2）原辅料的选择有哪些要注意的地方？
（3）评价所做水饺成品的质量，分析实验结果。

实验二　速冻肉丸的制作

一、实验目的

（1）掌握速冻肉丸制作的一般流程及过程控制。

（2）掌握肉丸质构形成机理。

（3）了解控制肉丸品质及卫生的工艺要点。

二、实验原理

将事先预处理过的猪肉和清洗过的蔬菜辅料，经过斩拌机打浆，打浆后的肉馅具有一定黏度，容易成团。将斩拌好的肉馅成型制成肉丸，然后将成型的肉丸通过加热蒸煮使其凝胶化而制成。成品口感细腻、爽脆、弹性好、韧性好。

三、实验原料及设备

1. 实验原料

合格新鲜猪肉或冷冻肉、马铃薯淀粉、大豆蛋白粉、蔬菜、白砂糖、食盐、味精、磷酸盐、卡拉胶、葱、蒜、生姜等。

2. 实验设备

斩拌机、电磁炉、绞肉机、冷却装置、恒温加热设备、封口机/真空封口机、制冰机、超低温冰箱、冰箱、电子秤、温度计、刀、砧板、盆等。

四、实验方法与步骤

1. 工艺流程

原辅料的准备→清洗切块→绞肉或滚揉腌制→斩拌配料→成型→凝胶化

→冷却→速冻→称量包装→冷冻贮存→低温冻藏

2. 操作要点

（1）原辅料预处理：将新鲜的检疫合格的猪肉清洗或冻藏不超过 6 个月的肉解冻后清洗、剔骨，去除血管、结膜、猪皮、筋腱等，肥瘦分开，瘦肉尽量除净肥膘，肥瘦比例要控制在 10%以下。然后将处理好的肥瘦肉分别切成宽 2~5 cm 的长条，便于绞碎或腌制。

（2）绞肉：用绞肉机分别将肥肉和瘦肉绞碎，绞碎瘦肉时绞肉机孔径为 3~10 cm，绞碎肥肉时绞肉机孔径为 10~25 cm。

（3）滚揉腌制：根据需要选择是否腌制，也可不腌制。在斩拌过程中直接加入腌制剂。腌制时肥肉和瘦肉要分开腌制。

（4）斩拌、配料

配料比例（参考）：猪肉 100 g（肥瘦比 7:3），淀粉 10~20 g、冰水 30~40 g、食盐 2~2.5 g、白砂糖 1 g、味精 0.5 g，此外还可加入各种蔬菜、香辛料等。

将绞碎或腌制过的肉均匀倒入斩拌机内，在斩拌的同时加入盐，低速斩拌几圈后，加入 1/3 冰水高速搅拌，当肉具有黏性时，依次按照比例加入肥肉、磷酸盐、调味料、淀粉等，再加入 1/3 冰水后继续高速斩拌，当肉温升至 5~7 ℃ 时加入剩余冰水，继续斩拌。结束前慢速搅拌几圈。在整个斩拌过程中，肉的温度应保持在 10 ℃ 以下，总的斩拌时间大约为 20 min。

（5）成型：斩拌结束后立即成型，可采用机械或手工成型，成型后的肉丸大小应一致，直径约 25 mm。

（6）凝胶化：将成型后的肉丸直接送入恒温蒸煮锅内，于 90~95 ℃ 蒸煮 5 min 左右，肉丸的中心温度达 75 ℃ 并保持 1 min 以上即可。

（7）冷却：将煮好的肉丸放入流动水槽中用流动水冷却，稍降温后再放入盛有冰水的容器内降温。肉丸中心温度降至 25 ℃ 以下时结束冷却。从凝胶化结束到开始进行速冻的总时间应控制在 30 min 以内。

（8）速冻：应尽可能在短时间内速冻。通常使用平板冻结机，冻结温度可达到-40 ℃，经 3~5 h 就能使肉丸中心温度达到-25~-20 ℃。使用前先将速冻机温度降低到-35 ℃ 以下，将肉丸均匀地摊在平板速冻机上。速冻结束时肉丸的中心温度应在-18 ℃ 以下。

（9）包装：将速冻结束的肉丸按规格称量后装入包装袋，再整体装箱，计数后尽快送入冷藏库。

（10）贮藏：温度越低越有利冷于冻肉丸的长期保藏，一般要求库温相对稳定在-20 ℃以下，库房温度必须稳定，波动不超过±1 ℃。将成品整齐码放，与墙保持 30 cm 的距离。

五、实验结果与分析

肉丸制作过程中，观察并记录肉的斩拌及肉丸成形的过程，对产品进行品评。

六、思考题

（1）影响肉丸成形及肉丸弹性的因素有哪些？

（2）在整个生产过程中，哪些过程易造成微生物污染？

（3）评价所做肉丸成品的质量，分析实验结果。

实验三　速冻鱼丸的制作

一、实验目的

（1）掌握鱼丸制作的一般流程及过程控制。

（2）掌握鱼丸弹性形成的机理及影响弹性的因素，了解鱼丸弹性感官检验方法。

二、实验原理

在一定浓度的盐溶液中，鱼糜中的盐溶性蛋白质充分溶出，当受热后其肌动球蛋白的高级结构打开，分子间通过氢键结合而相互缠绕，形成纤维状大分子而构成稳定的网状结构，由于其中包含了大量与肌动球蛋白结合的游离水分，故在加热凝胶后具有较强的弹性。

鱼糜制品是以鱼糜为主要成分，添加淀粉等辅料，经过擂溃、成型、凝胶化等加工后制得的产品。市场上常见的鱼糜制品有：鱼丸、鱼糕、鱼面、鱼卷、虾丸、鱼肉香肠等。

三、实验原料及设备

1. 实验原料

鲜活淡水鱼（草鱼或鲢鱼）、淀粉、鸡蛋、白砂糖、蒜汁、姜汁、食盐、味精、多聚磷酸盐、谷氨酰胺转氨酶、植物油或猪油等。

2. 实验设备

采肉机、精滤机、擂溃机、斩拌机、肉丸成型机、平板冻结机、真空包装机、冷柜、台秤、温度计、砧板、菜刀、不锈钢锅、汤勺、不锈钢盆等。

四、实验方法与步骤

1. 工艺流程

原料鱼预处理→采肉绞碎→漂洗→脱水→精滤→配料擂溃→成型→二段加热→冷却→速冻→包装→低温冻藏

2. 操作要点

（1）原料要求：鱼糜加工原料来源较为丰富，不受鱼种大小的限制，既可以用海鱼，又可以用淡水鱼。鱼的个体以 0.5～1 kg 为宜。原料鱼的鲜度是影响鱼糜品质及凝胶成型的关键因素之一，要求原料新鲜，体表完整/有光泽，不得腐败变质。

（2）原料处理：原料处理主要是三去。先将原料鱼洗干净，除去表面附着的黏液和细菌。然后用刀将头从鳃下斩去，剖开肚腹，将内脏除去，去内脏时必须清除腹腔内的残余内脏、血污和黑膜。将鱼体从鱼脊椎处剖开，但使两片尚连在一起，用自来水冲洗干净。清洗一般要重复 2～3 次，水温控制在 10 ℃ 以下。处理后的鱼要及时覆冰，保持低温。

（3）采肉：采肉是用机械方法将鱼体皮骨除掉，把鱼肉分离出来，可用采肉机。采肉时，剖开的鱼肉部分朝向滚桶，鱼皮朝向皮带，从而使鱼肉与骨刺和鱼皮分离，分离出的鱼皮基本完整。采出的肉中含有鱼肉、血液、脂肪及少量骨刺、鱼皮等杂质。

（4）漂洗：漂洗是为了除去鱼肉中的脂肪、血污、水溶性蛋白质及其他杂质。漂洗时，将鱼糜置于容器内，肉与水的比例控制在 1∶5 与 1∶8 之间，慢速搅拌 2～5 min 后，静置 10～15 min，将漂在水里的鱼皮等漂浮物掏去，并将上部的漂洗液倒出，注意防止鱼糜的流失，再按上述比例加水漂洗，重复几次。漂洗后鱼肉组织吸水膨胀，不利于其后的脱水。最后可采用盐水漂洗，加盐量为鱼糜质量的 0.5%～1%，可使鱼肉组织中的水分易于析出。

（5）脱水：鱼肉经漂洗后含水量较多，可将其放在布袋里绞干脱水，并进行充分挤压，以减少鱼糜中的含水量；如果有条件可以用脱水机或螺旋压榨机脱水。

（6）擂溃：擂溃是鱼糜生产中最重要的工序之一，其工艺操作是影响鱼糜成品弹性的关键。通常用专门的擂溃机，也可用斩拌机代替。

在擂溃过程中要添加淀粉和各种调味料，现提供以下配方以供参考：鱼糜 100 kg、淀粉 10 kg、食盐 3.5 kg、白砂糖 0.6 kg、黄酒 1 kg、味精 0.2 kg、鸡蛋清 5 kg、姜汁 0.3 kg、多聚磷酸盐 0.3 kg、谷氨酰胺转氨酶 0.3 kg。

将精滤后的鱼糜或解冻后的冷冻鱼糜称量后放入擂溃机中，先空擂数分钟使鱼糜均匀分散；再加入食盐，充分擂溃，使盐溶性蛋白完全溶出，鱼糜呈光亮柔滑的均匀状态；然后分次加入 0 ℃ 的黄酒、姜汁、白砂糖、调味料等，最后加入淀粉，并继续擂溃到均匀为止。整个擂溃过程在 20 ~ 30 min，温度控制在 12 ℃ 以下，擂溃必须使添加的辅料充分混合均匀，鱼糜呈较好的黏着状。

（7）成型：成型是指将斩拌和擂溃后的鱼糜，根据需要加工成固定的形状，可采用手工成型和机械成型两种方式。成型操作要与擂溃操作连续进行，擂溃结束后的鱼糜应尽快成型。若间隔时间太长，擂溃后的鱼糜长时间放置于室温下，就会逐渐失去黏性和塑性而发生不可逆的凝胶化，不能再成型。因此，若擂溃后的鱼糜不能立即使用，应放入 0 ~ 4 ℃ 保鲜库中暂放。

成丸后，将生丸放置于冷水盆内，其目的是使鱼丸成型，避免水煮时发生散丸现象。

（8）二段加热：先将成型的鱼丸放入 40 ~ 45 ℃ 的温水中保温 20 ~ 25 min，注意防止过多的鱼丸堆积在一起造成挤压变形。随时观察鱼肉的凝结情况，当中心部位全部呈凝胶状时，结束保温。将凝胶结束后的鱼丸放入蒸煮锅内，90 ~ 95 ℃ 蒸煮 2 min 左右，使鱼丸的中心温度达 75 ℃ 并保持在此温度 1 min 以上。

（9）冷却：将煮好的鱼丸放入流动水槽中用流动水冷却，稍降温后再放入盛有冰水的容器内降温。鱼丸中心温度降至 25 ℃ 以下时结束冷却。从加热结束到开始进行速冻的总时间应控制在 30 min 以内。

（10）速冻：应尽可能在短时间内速冻。通常使用平板冻结机，冻结温度可达到-40 ℃，经 3 ~ 5 h 就能使鱼糜中心温度达-25 ~ -20 ℃。使用前先将速冻机温度降低到-35 ℃ 以下，将鱼丸均匀地摊在平板速冻机上。速冻结束时鱼丸的中心温度应在-18 ℃ 以下。

（11）包装：将速冻结束的鱼丸按规格称量后装入包装袋，再整体装箱，计数后尽快送入冷藏库。

（12）贮藏：温度越低越有利冷冻鱼糜的长期保藏，一般要求库温相对稳定在-20 ℃ 以下。将成品整齐码放，与墙保持 30 cm 的距离。

五、实验结果与分析

鱼丸制作过程中，观察并记录鱼丸的擂溃及成型过程，对产品进行品评。

六、思考题

（1）影响鱼丸成型的因素有哪些？

（2）鱼丸的制作过程中哪些过程容易感染微生物？生产过程中如何控制？

（3）评价所做鱼丸成品的质量，分析实验结果。

实验四　速冻果蔬的制作

一、实验目的

（1）掌握食品冻结的一般流程及冻结曲线的绘制。

（2）了解食品冰晶形成的条件。

（3）了解冻结对食品品质的影响。

二、实验原理

食品速冻主要指食品制作好之后，在-30 ℃ 下快速冻结，使其在短时间内（通常为 30 min）通过最大冰晶体生成带（-5 ~ -1 ℃），当食品中心温度达到-18 ℃ 时，速冻过程结束。要求速冻阶段时间尽量短。在速冻条件下，游离水冻结，水分活度下降，微生物增殖速率和酶活力降低，抑制了食品变质，可较长时间保存食品。速冻果蔬中产生的是数量多而细小的冰晶，解冻时汁液流失少，营养价值高，是长期保存果蔬制品最有效的方法之一。

三、实验原料及设备

1. 实验原料

菠菜、草莓、亚硫酸氢钠、食盐、抗坏血酸等。

2. 实验设备

超低温冰箱、不锈钢刀、夹层锅、冰箱、漏勺、真空包装机、台秤等。

四、实验方法与步骤

（一）速冻草莓的制作

1. 工艺流程

原料的选择→分级→去果蒂→清洗→护色、热烫→速冻→包装→低温冻藏

2. 操作要点

（1）原料的选择：要求使用在果实 3/4 颜色变红时采收的草莓，选择无压痕、病虫害、机械伤的果实。

（2）分级：将草莓用清水洗去泥沙和杂质，然后浸在 1% 的食盐水中 10～15 s。将草莓按单果质量分级，分为 6 g 以下、6～8 g、8～10 g、10 g 以上四个等级；也可按草莓的直径大小来分级，分为 28 mm 以上、25～28 mm、20～24 mm、20 mm 以下四个等级。

（3）去蒂、清洗：手工去除草莓的果蒂，再用清水清洗干净。

（4）护色、烫漂：将草莓分成三份，其中一份不做任何处理，作为对照组，一份放入 0.2% 的亚硫酸氢钠溶液中浸渍 5 min，做护色处理，一份在沸水中烫漂 1 min 后捞起，立即冷却。

（5）速冻、包装：将沥干的草莓迅速冻结，待草莓中心温度降至-18 ℃时，立即进行低温真空包装。

（6）低温冷藏：包装好的成品置于-18 ℃ 的低温库中冻藏，库房温度须稳定，波动不超过±1 ℃。

（二）速冻菠菜的加工

1. 工艺流程

原料的选择→清洗→去根→剔选→护色、热烫→冷却→沥水→摆盘→速冻→挂冰衣→整形、包装→低温冻藏

2. 操作要点

（1）原料的选择：选择色泽深绿色、鲜嫩、无病虫害、无损伤、无黄枯叶、无腐烂、高度 25～35 cm 的菠菜。

（2）清洗、切根：在清水中清洗干净，将泥沙洗净，并择出杂草。切去菜根，留 0.2～0.3 cm 的根茬，如根较粗，可在根的截面用小刀划"十"字，以利烫漂。

（3）烫漂：将处理好的菠菜放入温度控制在 98 ℃ 左右的 5% 食盐水中进行烫漂，烫漂时间为叶部 50 s、根部 70 s，烫漂温度和烫漂时间要严格控制。

（4）冷却：将烫漂后的菠菜立即用自来水进行冷却，沥干水分。

（5）摆盘、预冷：将菠菜按长度分级摆放在冷冻盘中，将根朝向同一端，挤去过多水分，并将表面压平，然后放入冰箱中预冷至菠菜温度降低至 0～5 ℃。

（6）速冻：将预冷后的菠菜放入超低温冰箱中进行速冻，当菠菜中心温度达到-18 ℃以下即可取出。

（7）挂冰衣：将速冻好的菠菜在 0～2 ℃ 的冰水中浸泡片刻，使其表面结成一层冰衣。

（8）整形、包装：将速冻好的菠菜整理得整齐美观后，装入塑料袋，放入-18 ℃低温下贮藏和运输。

五、思考题

（1）护色、热烫处理对冻品品质有什么影响？

（2）冻结食品汁液流失率受哪些因素的影响？

（3）评价所做草莓或蔬菜成品的质量，分析实验结果。

实验五　速冻饮品的加工

一、实验目的

（1）熟悉并掌握速冻饮品的制作工艺。
（2）了解冰淇淋等冷冻饮品的加工原理。

二、实验原理

冰淇淋是以水、牛乳、稀奶油（棕榈油）、糖类为主要原料，加入蛋品、香料、着色剂、乳化剂及稳定剂等，经混合、杀菌、均质、老化、凝冻等工艺或再经成型、硬化等工艺制成的冷冻食品。

三、实验原料及设备

1. 实验原料

全脂乳粉、棕榈油、白砂糖、麦芽糊精、淀粉、淀粉糖浆、葡萄糖粉、稳定剂（瓜尔豆胶、明胶、海藻酸钠、黄原胶）、乳化剂（分子蒸馏单甘酯、蔗糖脂肪酸酯）、甜蜜素、香兰素、乙基麦芽酚、炼奶香精、柠檬黄、苋菜红、胭脂红、日落黄等。

2. 实验设备

混料罐、加热锅、搅拌器、均质机、冰淇淋凝冻机、盐水槽、冰箱、模子、烧杯、台秤、天平等。

四、实验方法

1. 工艺流程

原料混合→加热→均质→杀菌→冷却→成熟→凝冻→装杯或装模→硬化→成品

2. 参考配方

饮用水 51.6%，白砂糖 16%，奶粉 12.5%，奶油 2.5%，棕榈油 11%，麦芽糊精 2%，淀粉 2%，明胶 0.25%，黄原胶 0.1%，瓜尔豆胶 0.1%，海藻酸钠 0.1%，分子蒸馏单甘酯 0.2%，蔗糖脂肪酸酯 0.06%，甜蜜素 0.05%，香兰素 40 mg/kg，乙基麦芽酚 10 mg/kg，色素适量。

3. 操作要点

（1）将稳定剂先与部分白砂糖干混，加 70 ℃ 热水溶化后待用。

（2）奶粉和白砂糖干混后用 60 ℃ 水溶解；融化人造奶油或棕榈油，加单甘酯溶化后，加入奶液中，搅拌均匀。

（3）其他辅料用水溶化后加入。

（4）均质：温度为 60 ℃，在 18～20 MPa 的压力下均质。

（5）杀菌、冷却、成熟：75 ℃，20 min。杀菌后，立即用冰水冷却混料至 4 ℃，并在此温度下保持 4 h 左右，进行老化成熟。

（6）凝冻：-5～-3 ℃，10～12 min。使用冰淇淋凝冻机进行膨化，刮刀与桶壁的间距为 0.2～0.3 mm，刮刀转速 150～240 r/min。

（7）灌装：将疑冻的冰淇淋装入塑料杯或模具中。

（8）速冻：将灌装好的冰淇淋于-35～-25 ℃条件下，速冻硬化 1～6 h。

（9）贮藏：将成品置于-20 ℃的冷库或冰柜中贮存。

五、实验结果与分析

冰淇淋应色泽均匀、形态完整、不变形、不收缩软塌，香味纯正，口感滑润,无凝粒、无气孔、无冰屑之粗糙感,无肉眼可见杂质,膨胀率为80%～100%。

膨胀率的计算公式：

$$A=100(B-C)/C$$

式中　　A——膨胀率；

　　　　B——混料的质量；

　　　　C——与混料同容积的冰淇淋的质量。

六、思考论题

（1）各组分在冰淇淋中的作用是什么？

（2）举例简述稳定剂和乳化剂对冰淇淋产品品质和工艺过程的作用。

（3）影响冰淇淋膨胀率的因素是什么，如何提高冰淇淋的膨胀率？

实验六　速冻食品加工综合设计实验

一、实验目的

参照本章速冻实验，选择合适的原料进行速冻，并对加工产品的品质进行评定，同时进行成本核算。使学生掌握速冻产品的加工方法，培养学生进行实验设计、实际操作的能力及发现问题、分析问题、解决问题的能力，培养学生在综合设计实验中的团队协作精神。

二、实验内容

根据自身兴趣，自行设计方案，制作一种速冻产品。

三、实验要求

（1）4～5人为一个小组，以小组为单位进行实验。
（2）根据自身选定的速冻产品的种类，设计一种或多种加工工艺。

四、制订实验计划

根据选定的工艺进行实验方案设计，包括实验原材料的选择与购买、加工设备、实验因素水平等。

五、进行实验

按照制订好的实验计划开展实验，速冻期间观察、记录实验现象。在实验过程中发现问题、解决问题，从而完善产品制作的程序，掌握工艺流程中的品质控制点。

六、实验报告

实验完毕后，对速冻好的产品进行品评，同时对实验过程中出现的问题进行分析，讨论解决措施，最后对整个实验过程进行归纳总结，写出实验报告。

第六章

焙烤食品加工实验

实验一 面包的制作

一、实验目的

（1）掌握面包发酵的原理。
（2）学习面包的一般生产工艺和制作方法。

二、实验原理

面包是以小麦粉为主要原料，加以酵母、水、蔗糖、食盐、鸡蛋、食品添加剂等辅料，经过面团的调制、发酵、醒发、整形、烘烤等工序加工而成的。面团在发酵过程中，其内部的酵母利用糖和含氮化合物迅速繁殖，同时产生大量二氧化碳，使面团体积增大、结构酥松、多孔且质地柔软。

三、实验原料及设备

1. 实验材料

面包粉、白砂糖、植物油、活性干酵母、盐、鸡蛋、面包改良剂等。

2. 实验设备

和面机、醒发箱、远红外线烤箱、烤盘、台秤、面盆、烧杯等。

四、实验方法与步骤

1. 工艺流程

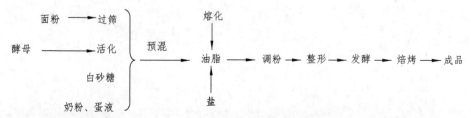

2. 操作要点

（1）原料预处理

① 面粉过筛，备用。

② 油脂溶化，备用。

③ 酵母活化：酵母用 7 倍水（30 ℃ 左右）活化，在酵母分散液中加入 5%白砂糖。

④ 白砂糖、奶粉互混，用余下的水熔化。

⑤ 蛋液打匀。

（2）面团的调制：所有物料除油脂、食盐外，一次加入和面机内，低速搅打 2 ~ 3 min，成团后加入油脂，快速搅打 4 ~ 5 min。

（3）搓圆：将面团分割成若干个小块面团，用 5 个手指握住小面块，手心向下在台板上作旋转运动，直至将面块搓成表面光洁的球形面团。

夹馅：将馅料分割成一定质量的小块（35 g），搓成球形，备用。

整形：按照方法，整形成辫子型、蝴蝶型及菊花型。

（4）面团发酵：30 ~ 35 ℃，相对湿度 85%，2 h 左右

（5）焙烤：按照表 6-1 所示温度和时间控制焙烤条件。

表 6-1　面包的焙烤条件

	上火/℃	下火/℃	时间/ min
1	140	190	7 ~ 8
2	220	120	5 ~ 7
3	120	120	1 ~ 2

（6）冷却包装。

五、实验结果与分析

从色泽、形态、组织结构、口味等方面对产品进行感官评定：

色泽：表面金黄色，色泽均匀。

形态：高度大于 4 cm，周边带齿形，齿形均匀，表面光滑，不起泡。

组织：细密均匀，具有弹性，无大孔洞。

口味：松软，具烘烤制品之香味，无酸味，不粘牙。

六、思考题

（1）调制面团应注意哪些问题？

（2）如何判断发酵终点？

（3）焙烤分为三个阶段，有何作用？

实验二 海绵蛋糕和戚风蛋糕的制作

一、实验目的

（1）了解制作海绵蛋糕和戚风蛋糕的原辅料的性质。
（2）了解蛋糕制作原理。
（3）掌握乳沫类蛋糕和戚风类蛋糕的制作方法。
（4）熟悉全蛋打法。

二、实验原理

蛋糕是以软麦面粉或低筋面粉为原料，在制作过程中不用酵母发酵，而是靠搅拌将大量空气融入料坯中，或加入化学膨发剂膨发后，经烘烤或蒸制而成的一种口感疏松的产品。几种常见蛋糕的原料、制作特点等如表6-2所示。

表 6-2　几种常见蛋糕的原料、制作特点

蛋糕种类（西式蛋糕）	主要原料	膨发途径	产品特点	举例
面糊蛋糕（Batter Type）（重油蛋糕）	糖、油、面粉	油脂在搅拌中拌入空气，使蛋糕膨胀	含油多，油香浓郁，结构紧密，有弹性	奶油蛋糕
乳沫蛋糕（Foam Type）（清蛋糕）	蛋白类：蛋清、糖、面粉	蛋在搅拌过程中与空气融合，在炉内产生蒸汽压，使蛋糕体积膨发	洁白，口感粗糙，有蛋腥味	天使蛋糕
	全蛋类：鸡蛋、糖、面粉、蛋糕油、液体油		口感清香，结构绵软，有弹性，油脂含量少	海绵蛋糕
戚风蛋糕（Chiffon Type）	混合面糊蛋糕和乳沫蛋糕	蛋白、糖、酸性材料按乳沫蛋糕打发，干性材料、流质原料、蛋黄按面糊蛋糕搅拌	蛋香、油香突出，结构绵软，有弹性，组织细密紧韧	戚风蛋糕

三、实验原料及设备

1. 实验原料

面粉、白砂糖、鲜蛋、塔塔粉、速发蛋糕油、色拉油。

2. 实验设备

打蛋器、烤箱、盘称、天平、量勺、量杯、筛粉杯、分蛋器、不锈钢盆、烤盘等。

四、实验方法与步骤

（一）海绵蛋糕的制作

1. 配　方

低筋面粉 35 g、鲜蛋 2 个、绵白糖 35 g、蛋糕油 18 g、塔塔粉 0.7 g，奶液 10 g。

2. 工艺流程

原料→打蛋→制糊→刷油→灌模→烘烤→冷却→包装→成品

3. 操作要点

（1）打蛋：蛋加入糖中后隔水加热至 35～43 ℃，加入塔塔粉，用打蛋器打至乳白色、浓稠，面糊用手指挑起不很快落下，需 20 min 左右，加入蛋糕油和其他辅料（不包括甜泡打粉和食用油），再搅拌 5 min。

（2）制糊：先将甜泡打粉加入面粉中混合均匀，然后将面粉通过筛子徐徐加入蛋糖混合液中，边加面粉边轻轻搅拌成糊状，最后加入色拉油、奶拌匀，蛋糊呈线性向下缓慢而均匀地流动为佳。

（3）灌模：面糊倒入模具的 2/3，表面刮平，使四周厚薄一致。

（4）烘烤：先接通烤箱电源，打开底火预热 10 min，使烤箱炉温达到底火 200 ℃，顶火 170 ℃。待蛋糕表面呈黄色，开箱取出烤盘，同时将已备好的另一盘放入箱烘烤，每烤一盘蛋糕需 20～30 min。

（5）冷却：出炉后，将蛋糕冷却至 30 ℃ 以下，然后脱模。

（6）包装：成品蛋糕用塑料袋或纸箱包装。

（二）戚风蛋糕的制作

1. 配　方

材料一：低筋面粉 35 g、蛋黄 2 个、蛋糕油 18 g、奶液 10 g。

材料二：蛋白 2 个、绵白糖 35 g、塔塔粉 0.7 g。

2. 工艺流程

原料→打蛋→制糊→刷油→灌模→烘烤→冷却→包装→成品

3. 操作要点

（1）混合蛋黄糊：

① 分离蛋白、蛋黄后，将白砂糖加入蛋黄内，用打蛋器搅拌至白砂糖融化。

② 色拉油及奶液放在同一容器内，慢慢加入蛋黄糊内，边加入边用打蛋器搅拌。

③ 用打蛋器搅拌成均匀细腻的蛋黄糊。

④ 将面粉全部筛入蛋黄糊内，用打蛋器以不规则的方向，轻轻地搅拌成均匀的面糊。

（2）蛋白打发：

① 用搅拌器将蛋白搅打至粗泡状后，开始缓慢分次加入白砂糖，并快速搅打至出现纹路。发泡的蛋白会固定于容器内，不流动。

② 取 1/3 的蛋白霜，加入蛋黄糊内，用刮刀轻轻搅拌拌匀。

③ 用橡皮刮刀将面糊快速刮入烤盘中的蛋糕纸上，抹平表面。

④ 将烤盘在桌面上轻敲数下，振出气泡。烤箱预热，上火 190 °C，下火 160 °C，焙烤 12 min 既可。

⑤ 撕掉蛋糕纸，将果酱涂抹其上，形成均匀的薄层，向内翻卷，并以蛋糕纸包住整个蛋糕体，冷藏 30～60 min，定型，去除头尾，即可。

（三）注意事项

（1）制作蛋糕的面粉要求面筋含量低，调粉时既要搅入空气，又要求不起筋、不形成面筋网络结构，以获得口感疏松的蛋糕。

（2）打蛋时，打蛋器、容器严禁沾油，少许油脂就会破坏蛋白的发泡性。

（3）制作蛋糕时要用鲜蛋，不能用陈蛋或冷冻鸡蛋，因后两者的发泡性比鲜蛋差。

（4）一定要掌握好烘烤温度。炉温过高会一下子把蛋糊烫焦，成品会出现外焦内不熟的现象；炉温过低则起发性不足，烤出的蛋糕干缩，表皮粗糙。

五、实验结果与分析

从工艺和产品形状两方面比较海绵蛋糕和戚风蛋糕二者的区别。

六、思考题

（1）为什么面粉要过筛？
（2）在蛋糕制作过程中，空气有哪些作用？
（3）塔塔粉在制作蛋糕的过程中有何作用？

实验三　韧性饼干和酥性饼干的制作

一、实验目的

通过实验熟练掌握韧性饼干和酥性饼干的制作工艺及其特性。

二、实验原理

面粉在其蛋白质充分水化的条件下调制面团，经辊轧受机械作用形成具有较强延伸性、适度的弹性、柔软而光滑，并且有一定的可塑性的面带，经成型、烘烤后得到产品。

三、实验原料及设备

1．实验原料

面粉、淀粉、白砂糖、奶粉、鲜蛋、色拉油、泡打粉、小苏打、猪板油。

2．实验设备

烤箱、烤盘、电子称。

四、实验方法与步骤

（一）薄脆饼干的制作

1．配　方

饼干粉 150 g（普通粉 100 g、淀粉 50 g）、白砂糖 30 g、色拉油 15 g、奶粉 4 g、泡打粉 0.5 g、蛋液 21 g、水 18～21 g、小苏打 1 g。

2．工艺流程

原辅料预处理→面团的调制→辊轧→成型→烘烤→冷却→包装

3. 操作要点

（1）糖浆的配制：水烧开后加入白砂糖，将糖完全溶解并烧开后，冷却，待用。

（2）面团的调制：首先将面粉、奶粉、泡打粉称好后倒入和面机内搅匀，加入油、糖浆，搅拌，加入蛋液、面料，搅拌 5 min 后，加入温水溶化的小苏打，继续搅拌，使已经形成的面筋在机浆作用下逐渐超越其弹性限度，弹性降低时为止。

（3）辊轧：经过三道辊轧的面团可使制品的横切面有明晰的层次结构。

（4）成型：模具成型。放置半个小时。

（5）烘烤：温度 185 ~ 220 ℃。

（6）冷却、包装：饼干刚出炉时，由于表面层的温差较大，为了防止饼干破裂、收缩和便于贮存，必须待其冷却到 30 ~ 40 ℃后，才能进行包装。

（二）酥性饼干的制作

1. 配　方

普通粉 125 g、淀粉 100 g、糖 100 g、猪板油 60 g、水 50 g、泡打粉。

2. 工艺流程

原辅料预处理→面团的调制→辊轧→成型→烘烤→冷却→包装

3. 操作要点

（1）熬制猪板油：大火烧热油锅，调小火，将切碎的猪板油倒入锅中，翻炒至有油浸出，然后慢慢熬制，直至油渣变黄变小为止。

（2）将称好的低筋粉过筛，与淀粉及泡打粉混匀，为物料 A。

（3）称取熬好的猪油，趁热加入水、糖，使糖溶解，并混匀，为物料 B。

（4）将 A、B 拌匀，擀制成厚薄一致的面饼，用模具成型，此时表面可添加芝麻或花生碎放置 10 ~ 20 min。

（5）在烤盘表面刷油，将成型好的饼干胚放入其中，并有序排列。

（6）事先将预热好的烤箱温度调至上下火为 140 ℃，烤 5 min；再调至上下火为 170 ℃，烤制 5 ~ 8 min，取出晾凉，即得成品。

五、实验结果与分析

根据饼干质量要求对所做的饼干进行感官评价。

（1）韧性饼干质量要求：

① 色泽：_____

② 形态：_____

③ 组织：_____

④ 口味：_____

（2）酥性饼干质量要求：

① 色泽：_____

② 形态：_____

③ 组织：_____

④ 口味：_____

六、思考题

（1）饼干有哪些分类？从配方上看各有何特点？

（2）添加淀粉的作用是什么？

实验四　广式月饼的加工

一、实验目的

（1）熟悉和掌握月饼的基本生产工艺过程。

（2）掌握广式月饼的生产技术。

二、实验原理

广式月饼原产于广州，是广东省汉族特色名点之一，现广东、香港、江西、浙江、上海等地均有生产。广式月饼以小麦粉、转化糖浆、植物油、碱水等制成饼皮，经包馅、成形、刷蛋等工艺加工而成，其特点是皮薄馅多、口感酥软、造型美观、图案精致、花纹清晰、不易破碎。广式月饼按照口味分为咸、甜两大类，按照月饼馅分为莲蓉月饼、豆沙月饼、五仁月饼、水果月饼、叉烧月饼等。

三、实验原料及设备

1. 实验原料

面粉、白砂糖、奶粉、色拉油、食用盐、淡奶油、塔塔粉、泡打粉。

2. 实验设备

烤箱、烤盘、电子称、模具。

四、实验方法与步骤

1. 产品配方

皮料：低筋面粉 1000 g、糖浆 750～800 g、食用油 200～250 g、碱水 15～18 g。

馅料：去心莲子 850 g、白砂糖 1200 g、食用油 250 g、碱水 40~50 g、猪油 210 g、咸蛋黄 4000 g。

2. 工艺流程

白砂糖+柠檬酸+水→糖浆 ⎫
食用碱+小苏打+水→碱水 ⎬→面皮→包馅成型→焙烤→冷却→包装
　　　　面粉、食用油 ⎭

→成品

3. 操作要点

（1）制备糖浆：将 250 g 清水加入锅中，加入 700 g 白砂糖，加热煮沸 5~6 min。将 0.4 g 柠檬酸用少量水溶解后加入糖液中，煮沸后改用小火煮制 30 min 左右，使糖液浓度约为 80%，贮藏 15~20 d 后使用。

（2）制备碱水：将食用碱 25 g、小苏打 1 g 加入 100 g 开水中，搅拌溶解，冷却后备用。

（3）制馅料：将去心莲子加水煮烂，绞成泥状。将莲子泥、白砂糖、1/3 的油加入锅中，大火煮沸，待莲蓉变稠后，改用小火，将剩下的油分两次加入，直接炒到莲蓉稠厚、手捏成团即可。将咸蛋黄和莲蓉分割成合适大小，莲蓉压成圆形，将咸蛋黄包入其中，揉成小圆球。

（4）制面皮：将面粉、糖浆、碱水充分混合后加入食用油，揉成软性面团。

（5）包馅成型：将面团分成若干份，每份按圆，压成小薄片，包好馅料，揉成圆球状，装入模具中压印成型，脱模。

（6）烘烤：在坯表面刷一层清水，210 ℃ 烤 5 min 左右，饼面呈微黄色后取出，刷一层蛋液，再烤 5 min 左右，转至 150 ℃ 烤 10 min，饼面呈金黄色即可。

（7）冷却、包装：自然冷却至室温后进行包装。

五、实验结果与分析

对产品进行感官品评。

六、思考题

（1）制面皮过程中，加入碱水的作用是什么？

（2）影响月饼色泽的因素有哪些？如何控制？

实验五　蛋挞的制作

一、实验目的

（1）了解混酥类点心的特点。
（2）掌握蛋挞制作工艺。

二、实验原理

蛋挞（Egg Tart）是一种以蛋浆做成馅料的西式馅饼。蛋挞以挞皮分类，主要分为牛油蛋挞和酥皮蛋挞两种。牛油蛋挞挞皮比较光滑、完整，好像一块盆状的饼干，具有牛油香味；酥皮蛋挞挞皮为一层薄酥皮，因使用猪油，口感比牛油酥皮粗糙。

三、实验原料与设备

1. 实验原料

面粉、白砂糖、奶粉、色拉油、食用盐、淡奶油、塔塔粉、泡打粉。

2. 实验设备

烤箱、烤盘、电子称、模具。

四、实验方法与步骤

1. 产品配方

皮料：低筋面粉 210 g、食盐 5 g、水 120 g、酥油（或黄油）225 g。
浆料：鲜奶油 100 g、蛋黄 2 颗、玉米淀粉 35 g、白砂糖 72 g、牛奶 85 g、炼乳 15 g。

2. 工艺流程

制浆
↓

面粉、盐、黄油、水等→ 面团调制→成型→入模→烘烤→脱模→冷却→成品→检验

3. 操作要点

（1）将面粉过筛，将 40 g 黄油分成小块加入面粉中，用手抓拌，混合均匀。

（2）将盐用水溶解后，倒入面粉中，混合均匀，揉成面团。在面团表面划出十字刀口，包上保鲜膜，放入 4 ℃冰箱松弛 1 h。

（3）将黄油包入保鲜膜，用擀面杖擀成长方形，置于 4 ℃冰箱冷藏半小时。

（4）将面团取出，擀成比黄油块略大的长方形，将黄油包入面团，然后用擀面杖轻轻地用擀长。将面皮折成三折，用保鲜膜包好放入冰箱松弛 0.5 h。取出，用擀面杖轻压，使面团向左右延展，再擀长，将面皮折成三折，用保鲜膜包好放入冰箱松弛 20 min，如此反复 3 次，最后将面团擀成 4 mm 厚的面皮。

（5）将面皮卷成圆筒状，包上保鲜膜，置于冰箱冷冻 15 min。取出，切成 1.5cm 厚的小段，顶部粘干面粉，放入蛋挞模，按成挞皮，使挞皮略高于挞模，然后放置于冰箱松弛 20 min。

（6）将玉米淀粉放入锅中，加入少许牛奶化开，然后加入鲜奶油、牛奶、白砂糖、炼乳搅匀，加热搅拌直至冒泡为止。放凉后加入蛋黄，打散，用网筛过滤后倒入做好的挞模中，七分满即可。

（7）提前半小时预热烤箱，上、下火 220 ℃，烤 20 min。

（8）脱模、冷却：出炉的蛋塔立即反扣脱模，置于空气中自然冷却至室温。

五、实验结果与分析

对产品进行检验和感官品评。

品质要求：蛋塔皮有层次、酥脆，蛋浆表面光滑，反倒时蛋浆不流动，有蛋黄颜色和香味。

六、思考题

（1）将浆料倒入挞模中为什么不能倒满？

（2）面粉为什么要过筛？有何作用？

实验六　焙烤食品综合设计实验

一、实验目的

（1）掌握根据烘焙产品的特点，合理选择面粉原料。

（2）掌握产品配方的设计原理，合理设计产品配方的优化实验，并通过选取其中一个单因素进行实验。

（3）掌握产品的品质评定及质量检测的主要内容，设计完整的检测项目。

（4）掌握焙烤产品过氧化物价及酸价的测定方法，重点掌握产品的预处理方法。

（5）训练配置试剂的能力。

二、实验材料

1. 供试材料

低筋粉、中筋粉、高筋粉、鸡蛋、白砂糖、酵母、黄油、色拉油、塔塔粉、泡打粉、复合膨松剂、淀粉、菊花粉等。

2. 指定实验材料

紫薯粉。

3. 实验试剂

（1）乙酸-异辛烷混合液（体积比 60 : 40）：将 3 份冰乙酸与 2 份异辛烷混合。

（2）0.002 mol/L $Na_2S_2O_3$：用标定的 0.1 mol/L $Na_2S_2O_3$ 稀释而成。

（3）饱和碘化钾溶液：取碘化钾 14 g，加水 10 mL，溶解后贮于棕色瓶中。

（4）淀粉指示剂：10 g/L。

（5）0.02 mol/L 氢氧化钾（或氢氧化钠）标准溶液。

（6）酚酞指示剂：10 g/L，10 g 的酚酞溶解于 1 L 95% 的乙醇溶液中。

三、实验安排

1. 实验前准备

（1）要求每组内学生自由组合成 4 人左右一小组的团队，选定负责人。

（2）负责人召集小组成员，认真学习本实验内容后，商讨拟做产品（可在面包、蛋糕、饼干及其他糕点中任选一款，其所需原料可在实验材料 1 中进行选择），同时在设计产品过程中必须使用指定实验材料（实验材料 2），并设计一个具有新颖性的产品名称。

（3）拟定实验设计方案，形成文案（文案格式参考附件 1）。要求设计合理的单因素实验，并给出合理的实验水平范围，同时有优化实验方案设计（如正交实验、响应面实验方案等）。对于产品品质评价，要求有感官鉴定的评分标准和完整的检测项目（参考国标）。所有检测项目应该标明所参考的国标。对于本设计中强制项目——测定酸价和过氧化物价的实验步骤，应该详细列出（尤其是产品预处理方法）。

2. 实验周安排

（1）按照实验时间安排，各实验组依次进入实验室进行实验。

（2）第一次实验，各组学生按照预定方案选取任意一个单因素进行实验，得到若干实验产品。

（3）第二次实验，主要对产品进行预处理，并自行配置酸价和过氧化物价检测所需试剂，为第三次实验做准备。

（4）第三次实验，对产品指标进行检测。

四、参考资料

GB/T 5009.56—2003 糕点卫生标准的分析方法（见附录 3）。

五、实验报告

实验报告要求在实验设计方案及品质检测报告的基础上，将所做实验的结果记录下来，并运用所学理论知识进行合理分析，完成后上交。

附件 1

××××配方设计及品质检测

（如：紫薯菊花面包配方设计及品质检测）

一、实验原料、试剂及设备

1. 实验原料

……

2. 试剂

……

（只写酸价和过氧化物价检测所用到的试剂）

3. 实验设备

……

二、检测方法

1.×××感官鉴定方法及标准

……

2.×××酸价、过氧化物价检测方法

……

（1）样品取样

……

（2）前处理方法

……

（3）酸价测定方法

……

（4）过氧化物价测定方法

……

三、配方设计实验方法

（一）单因素实验

1.××××添加量对产品的感官影响

2.××××添加量对产品的感官影响

……

（二）正交实验（或响应面实验）

四、配方设计实验及检测结果

1.××××（因素）对产品的感官影响结果

2. 酸价检测结果

3. 过氧化物价检测结果

五、反思

附件 2

油脂过氧化值的测定（滴定法）

一、原理

在酸性条件下，脂肪中的过氧化物与过量的 KI 反应能析出游离碘，用 $Na_2S_2O_3$ 标准溶液滴定生成的 I_2，根据消耗 $Na_2S_2O_3$ 溶液的体积，计算油脂的过氧化值。

二、材料、仪器与试剂

（1）材料：花生油。

（2）仪器：碘瓶（250 mL）、碱式滴定管（25 mL）、天平。

（3）试剂：

① 乙酸-异辛烷混合液（体积比 60：40）：将 3 份冰乙酸与 2 份异辛烷混合。

② 0.002 mol/L $Na_2S_2O_3$：用标定的 0.1 mol/L $Na_2S_2O_3$ 稀释而成。

③ 饱和碘化钾溶液：取碘化钾 14 g，加水 10 mL，溶解后贮于棕色瓶中。

④ 淀粉指示剂：10 g/L。

三、操作步骤

（1）样品的处理：

样品一：正常无处理的油脂。

样品二：将油脂置于 120 °C 的烘箱中，加热 1 h。

（2）称取 2.00～3.00 g 混匀的油脂样品，置于干燥的 250 mL 碘瓶底部，另取一个三角瓶，不加样品，做空白。加入 50 mL 乙酸-异辛烷混合液，轻轻摇动使样品完全溶解。

（3）在碘瓶中加入 0.5 mL 饱和碘化钾溶液，盖上塞子使其反应，时间为 1 min±1 s，在此期间摇动锥形瓶至少 3 次，然后立即加入 30 mL 蒸馏水。

（4）用硫代硫酸钠标准溶液（0.002 mol/L）滴定至显淡黄色，加 0.5 mL 淀粉指示剂，继续滴定至蓝色消失为终点，分别记下样品消耗标准溶液体积 V_1，空白消耗标准溶液体积 V_2。

四、计算

以碘的含量（%）表示过氧化值。

$$过氧化值 = \frac{(V_1 - V_2) \times C \times 0.1269}{W} \times 100\%$$

式中　　V_1——样品消耗 $Na_2S_2O_3$ 标准溶液的体积，mL；

　　　　V_2——空白消耗 $Na_2S_2O_3$ 标准溶液的体积，mL；

　　　　C——$Na_2S_2O_3$ 标准溶液浓度，mol/L；

W——称取油脂的质量，g；

0.1269——1.00 mmol 碘的质量，g。

油脂酸价的测定（热乙醇测定法）

一、原理

酸价的测定是利用酸碱中和反应，测出脂肪中游离酸的含量。用高于 70 ℃ 的热乙醇混合溶剂溶解油样，再用碱标准溶液滴定其中的游离脂肪酸，以中和 1 g 油脂中游离酸所需消耗的氢氧化钠的质量（mg）表示油脂的酸价。

二、材料、仪器与试剂

（1）材料：油脂。

（2）仪器：锥形瓶（250 mL）、碱式滴定管（25 mL）、天平。

（3）试剂：

① 0.02 mol/L 氢氧化钾（或氢氧化钠）标准溶液。

② 酚酞指示剂：10 g/L，10 g 酚酞溶解于 1 L 95% 的乙醇溶液中。

三、操作步骤

（1）样品的处理

样品一：正常无处理的油脂。

样品二：将油脂置于 120 ℃ 的烘箱中，加热 1 h。

（2）在锥形瓶中加入含 0.5 mL 酚酞指示剂的 50mL 乙醇溶液，加热至沸腾，当乙醇温度高于 70 ℃ 时，用 0.1 mol/L 氢氧化钾溶液滴定至变色，并保持溶液 15 s 不褪色，即为终点。

（3）称取 8.00～10.00 g 混匀的油脂样品，置于干燥的 250 mL 锥形瓶底部。

（4）将中和后的乙醇转移至装有测试样品的锥形瓶中，充分混合，煮沸。用氢氧化钠或氢氧化钾标准溶液滴定，滴定过程中要充分摇动。至溶液颜色发生变化，并且保持 15 s 不褪色，即为滴定终点，记录消耗滴定溶液的体积 V。

四、计算

$$酸价(mg/g) = \frac{V \times C \times 56.1}{W}$$

式中 V——样品消耗 NaOH 标准溶液的体积，mL；

C——氢氧化钠标准溶液的浓度，mol/L；

56.1——氢氧化钾的摩尔质量，g/mol；

W——称取油脂的质量，g。

第七章

膨化食品加工实验

实验一　膨化大米饼的加工

一、实验目的

（1）了解食品膨化的基本原理。

（2）掌握制作膨化食品的工艺流程和基本操作步骤。

二、实验原理

膨化米饼是一种间接膨化食品。原料经蒸煮，在低温下成形，然后通过烘烤或油炸来完成膨化。米饼坯在加热焙烤时，首先会产生软化及透明度增大的现象，进而转化成玻璃状形态。同时坯中气体及水蒸气因温度升高，气压增大，当坯中气体压强增大到产生的力大于饼坯的黏弹力时，饼坯将迅速膨胀并失水定型，然后经焙烤制成成品。

三、实验原料及设备

1. 实验原料

糯米、白砂糖、味精、植物油、水。

2. 实验设备

远红外烘烤炉、离心机、膨化机、烤盘、充氮式塑料包装机。

四、实验方法与步骤

1. 工艺流程

糯米淘洗→浸泡→脱水→粉碎→调粉→蒸煮→冷却→压坯→干燥→烘烤→调味→成品

2. 操作要点

（1）淘洗、浸泡：糯米用自来水清洗，在室温下浸泡 30 min 左右。糯米浸后的含水量以 30% 左右为宜。

（2）脱水：将浸泡好的米倒在金丝网上沥水约 1 h，或放入离心机中脱水 5～10 min，脱除米粒表面的游离水，使米粒中的水分分布均匀。

（3）制粉：将沥水或脱水后的米粒用粉碎机粉碎，过 80 目或 100 目筛，米粉的粒度最好在 100 目以上。

（4）调粉：用水先将白砂糖和食盐溶化，过滤，再加入米粉中调制，加水量以 35% 左右为宜。

（5）蒸制：将调制好的米粉团在 90～120 ℃蒸 10～25 min。

（6）冷却：采用自然冷却 1～2 d 或低温冷却（0～10 ℃）24 h，使米粉团硬化。此举主要是因为蒸制时米粉中的淀粉主要为 α-化，此时米粉团黏性很强，难以成型，放置一段时间后，淀粉会适当 β-化，此时便于成型。但要注意控制时间，时间太长，返生现象严重，粉团太硬等同样不利于成型。

（7）成型：成型前，粉团需经反复揉捏至其中无硬块，质地均匀，然后加入碳酸氢钠、香精和其他辅料，制成直径约 10 cm、厚 2.5～3 cm、质量 5～10 g 的饼坯。

（8）干燥：成型后的饼坯水分含量较高，如直接烘烤，表面会结成硬皮，而内部仍然过软。干燥采用远红外热风干燥，干燥温度 25～30 ℃，干燥时间约 24 h。干燥后需将饼坯静置 12～48 h，使饼坯内外水分平衡。

（9）烘烤：将干燥静置后的饼坯放入烤箱，于 120 ℃左右干燥约 8 min，再升温至 210～220 ℃，烤至饼坯表面呈金黄色。

（10）调味：若烤后的米饼要调味，可在米饼表面喷洒调味液（也可喷洒植物油后在浓度为 65% 的 50～70 ℃的热糖浆中浸渍 5～7 s），然后用 80 ℃热风干燥即可。

五、实验结果与分析

米饼制作期间观察、记录过程中的各种现象，对产品进行品评。

六、思考题

（1）膨化食品的特点是什么？

（2）膨化处理对食物中营养成分组成及含量有何影响？

（3）评价所做米饼成品的质量，分析实验结果。

实验二　薯片的制作

一、实验目的

（1）了解薯片生产的一般流程及过程控制。

（2）掌握薯片加工的原理。

二、实验原理

薯片的制作原理是利用油脂类物质作为热交换介质，使被炸食品中的淀粉糊化、蛋白质变性以及水分变成蒸汽，从而使食品熟化并使其体积增大。

三、实验原料及设备

1. 实验原料

马铃薯、棕榈油、食盐、柠檬酸、氢氧化钠、D-异抗坏血酸钠、焦亚硫酸钠、色素。

2. 实验设备

滚筒式分选机、旋转刀片、电磁炉、脱水机、油炸机、不锈钢盆、电子秤等。

四、实验方法与步骤

1. 工艺流程

原料选择→洗涤→去皮→切片→洗片→预煮→冷却护色→着色→脱水→油炸→调味冷却→包装

2. 操作要点

（1）原料选择：选择块茎性状整齐、大小相对均匀、表皮薄、芽眼少、色泽一致、淀粉和总固形物含量高、糖分低、相对密度较大、栽培土壤环境相对一致的马铃薯。

（2）洗涤：利用滚筒式分选机洗去马铃薯表面泥沙。按照直径大小不同进行分级，选出大小相对一致的马铃薯。

（3）去皮：将马铃薯放入 100 ℃ 的 10%氢氧化钠溶液中 1～3 min 后捞出，用橡胶手套搓去软化的表皮，然后用自来水将马铃薯冲洗干净。

（4）切片：切片厚度根据块茎、采收季节、储藏时间、水分含量来确定。刚采收的马铃薯块茎饱满、含水量高，切片厚度以 1.8～2.0 mm 为佳；储藏时间长的马铃薯，水分蒸发量大，块茎固形物含量高，切片厚度宜以 1.6～1.8 mm 为佳。为保证切片的均匀性，采用旋转刀片自动切片。

（5）洗片：切好的薯片要用清水洗净表面的淀粉，防止预煮时淀粉糊化黏片，影响油炸效果。

（6）预煮：将洗净的薯片倒入沸水中热烫 2～3 min，煮至切片熟而不烂，组织比较透明，同时马铃薯的硬度降低。

（7）冷却：预煮好的薯片立即倒入冷水池中冷却，避免薯片组织进一步受热软化破碎。水中加入适量的柠檬酸和焦亚硫酸钠进行护色。

（8）着色：护色后的薯片再加入含有 1%～2%的食盐和一定量柠檬酸及色素的水中，浸泡 10～20min。

（9）脱水：将加盐和着色符合要求的薯片从水池中捞起来，倒入脱水机中脱去部分游离水。

（10）油炸：油炸用油宜采用棕榈油，油中加入 0.1%～0.2%的 D-异抗坏血酸钠。将薯片放入水油混合油炸机中油炸，因为水和油的密度不同，水在下层，油在上层，受热炸制薯片。油温控制在 210～230 ℃，此温度下油炸的薯片色泽均匀，表面含油量少，油耗低。

（11）调味冷却：将油炸好的薯片表面喷上调配好的调味料汁。也可采用自动调味机，薯片在滚筒的旋转中均匀翻动，采用翻滚法或喷雾法加入调料。

（12）包装：经调味冷却至常温后，选用充气包装机进行装袋，称量，包装。

五、实验结果与分析

观察、记录薯片制作过程中的现象，对产品进行品评。

六、思考题

（1）薯片制作过程中哪些步骤易引起变色？如何防止？

（2）油炸薯片操作的要点有哪些？

（3）评价所做薯片成品的质量，分析实验结果。

实验三 玉米薄片的制作

一、实验目的

（1）了解玉米薄片的制作和质量评价。

（2）理解挤压膨化加工原理，掌握玉米薄片的制作工艺。

二、实验原理

本实验利用挤压膨化技术，使玉米的组织结构产生一系列的质构变化，玉米中的 β-淀粉糊化后变成 α-淀粉，且不易恢复原状态。糊化后的淀粉具有蓬松的多孔状组织以及独特的焦香味道。在玉米挤压膨化的基础上，通过切割造粒与压片成型生产玉米薄片粥，该产品冲调复水性好，食用方便、易于消化，并具有传统玉米粥的清香风味。

三、实验原料及设备

1. 实验原料

水、清理干净的去皮脱坯玉米。

2. 实验设备

磨粉机、拌粉机、挤压膨化机、旋切机、输送机、压片机。

四、实验方法与步骤

1. 工艺流程

玉米粉碎→挤压膨化→切割造粒→冷却→压片→烘干→包装

2. 操作要点

（1）原料粉碎：选取去皮脱胚的新鲜玉米原料，将选好的玉米原料用磨粉机磨至 50~60 目。

（2）配料：采用转叶式拌粉机配料，转叶转速设为 368 r/min。将磨好过筛的玉米粉加入拌粉机中，加水量一般为 20%~24%，搅拌至水分分布均匀。

（3）挤压膨化：将配制好的玉米粉料加入挤压膨化机中后，物料随螺杆旋转，沿轴向向前推进并逐渐压缩，经过强烈的搅拌、剪切混合、摩擦，加上来自机筒外部的加热，物料迅速升温升压，变成具有流动性的凝胶状态体。此时再通过由若干个均布圆孔组成的出口模板，连续、均匀、稳定地挤出，物料由高温高压骤然降为常温常压，瞬时完成其膨化过程。

（4）切割造粒：物粒通过出口模板挤出时，由模头前的旋转刀具切割成大小均匀的小颗粒。切割后的小颗粒形成球形膨化半成品，其大小一致，表面光滑，无相互粘连现象。通过调整刀具转速可改变切割长度，从而改变颗粒大小。

（5）冷却输送：在旋切机落料处，有 1.5 m 长、水平放置的输送机。切割成型后的球形颗粒掉落在输送机上，输送机的网带底部装有风机，向半成品吹风冷却，冷却后的半成品温度在 40~60 ℃，水分含量在 15%~18。

（6）辊轧压片：将冷却后的半成品送到压片机内轧成薄片，通过调整钢辊的间隙可调节轧片厚度，一般为 0.2~0.5 mm，压片后的半成品应大小一致，表面平整，内部组织均匀。轴压时调整转速为 60 r/min，在轴轧过程中玉米片的水分继续挥发，压片后水分含量可降至 10%~14%。

（7）烘烤：轧片后的半成品水分含量仍然比较高，需进一步干燥。可采用远红外隧道式烤炉烘烤干燥，烘烤时间在 5~15 min，干燥后成品水分含量为 3%~6%。

五、实验结果与分析

玉米片制作期间观察、记录实验现象，对产品进行品评。

六、思考题

（1）挤压膨化的原理及特点是什么？

（2）玉米膨化前后有哪些变化？

（3）评价所做玉米片成品的质量，分析实验结果。

实验四　小米锅巴的制作

一、实验目的

（1）了解锅巴类膨化食品的一般制作流程及过程控制。

（2）掌握小米锅巴加工的原理。

二、实验原理

小米经粉碎后，再加入淀粉，经过螺旋膨化机膨化后，将其中的淀粉部分糊化，再通过油炸调味制成小米锅巴。此法既可以利用小米中的营养物质，又可以达到长期食用的目的，且该产品体积蓬松，口感酥脆，含油量低，能耗低，加工简单。

三、实验原料及设备

1. 实验原料

小米、淀粉、奶粉、味精、花椒粉、食盐、辣椒粉、胡椒粉等。

2. 实验设备

搅拌机、油炸锅、螺旋膨化机、包装封口机等。

四、实验方法与步骤

1. 工艺流程

备料→混料→搅拌→膨化→切割→油炸→脱油→调味→内包→外包

2. 操作要点

（1）配方（%）

① 膨化锅巴配方：米粉 90、淀粉 8、奶粉 2，水、调味料各适量。

② 调味料配方

海鲜味：干虾仁粉 10、食盐 50、无水葡萄糖 10、虾香精 10、葱粉 5、味精 10、姜 3、酱油粉 2。

鸡香味：食盐 55、味精 10、无水葡萄糖 19.5、鸡香精 15、白胡椒 0.5。

麻辣味：辣椒粉 30、胡椒粉 4、精盐 50、味精 3、五香粉 13。

孜然味：盐 60、花椒粉 9、孜然 28、姜粉 3。

（2）物料称量、处理：按比例称量所需的原辅料、调味料。将小米磨成粉。

（3）混合：将米粉、淀粉、奶粉按配方在搅拌机内充分混合，混合时要一边进行搅拌一边掺水，加水量约为总量的 30%。加水时要缓慢加入，使其均匀混合成松散的湿粉。

（4）膨化：在开机膨化前，首先配一些水分较多的米粉放入机器中，然后开动机器，使湿料不膨化，容易通过喷口。待机器运转正常后，再加入 15% ~ 18%水分的半干粉进行膨化。出条后，若出料太膨松，说明加水量少；若出条软、无弹性、不膨化，说明含水量过多。这两种情况都应避免。要求出条后物料呈半膨化状态，有弹性和熟面颜色，有均匀小孔。如果出料不合格，可放回料斗重新混合挤压，但一次不能放入太多。

（5）切割：将膨化出来的条子晾几分钟，然后用切割机切成粒经 5 cm 的方形小段。

（6）油炸：根据需要在油炸锅内加入适量油，加热，当油温达到 130 ~ 140 ℃ 时，放入切好的半成品。下锅后将料打散，避免粘连。几分钟后打料有声响，即可出锅。由于油温较高，在出锅前物料为白色，放一段时间后变成黄白色。

（7）脱油：将油炸好的锅巴经脱油机进行脱油。

（8）调味、包装：趁热加入各种调味料并搅拌，使其均匀地撒在锅巴表面上，然后尽快计量包装。

五、实验结果与分析

锅巴制作期间观察、记录膨化现象，对产品进行品评。

六、思考题

（1）小米锅巴膨化的原理及特点是什么？

（2）小米锅巴膨化操作的要点是什么？

（3）评价所做锅巴成品的质量，分析实验结果。

实验五　膨化食品加工综合设计实验

一、实验目的

参照本章膨化实验，选择合适的原料进行膨化，并对加工产品的品质进行评定，同时进行成本核算。使学生掌握膨化产品的加工方法，培养学生进行实验设计、实际操作的能力及发现问题、分析问题、解决问题的能力，培养学生在综合设计实验中的团队协作精神。

二、实验内容

根据自身兴趣，自行设计方案，制作一种膨化产品。

三、实验要求

（1）4~5人为一个小组，以小组为单位进行实验。
（2）根据自身选定的膨化产品的种类，设计一种或多种加工工艺。

四、制订实验计划

根据选订的工艺进行实验方案设计，包括实验原材料的选择与购买、加工设备、实验因素水平等。

五、进行实验

按照制定好的实验计划开展实验，制作过程中观察、记录实验现象。在实验过程中发现问题、解决问题，从而完善产品制作的程序，掌握工艺流程中的品质控制点。

六、实验报告

实验完毕后，对制作好的产品进行品评，同时对实验过程中出现的问题进行分析，讨论解决措施，最后对整个实验过程进行归纳总结，写出实验报告。

参考文献

[1] 丁武. 食品工艺学综合实验[M]. 北京：中国林业出版社，2012.

[2] 李平兰，等. 食品微生物学实验原理与技术[M]. 北京：中国农业出版社，2010.

[3] 董士远. 食品保藏与加工工艺实验指导[M]. 北京：中国轻工业出版社，2014.

[4] 钟瑞敏，翟迪升，朱定和. 食品工艺学实验与生产实训指导[M]. 北京：中国纺织出版社，2015.

[5] 李秀娟. 食品工艺综合实验[M]. 北京：化学工业出版社，2014.

[6] 蔺毅峰. 食品工艺实验与检验技术[M]. 北京：中国轻工业出版社，2013.

[7] 赵征. 食品工艺学实验技术[M]. 北京：化学工业出版社，2009.

[8] 马汉军，秦文. 食品工艺学实验技术[M]. 北京：中国计量出版社，2009.

[9] 周德庆. 微生物学实验教程[M]. 北京：高等教育出版社，2006.

[10] 刘素纯，吕嘉枥，蒋立文. 食品微生物学实验[M]. 北京：化学工业出版社，2013.

[11] 朱珠，李丽贤. 焙烤食品加工技能综合实训[M]. 北京：化学工业出版社，2003.

[12] 夏文水. 食品工艺学[M]. 北京：中国轻工业出版社，2013.

[13] 潘思轶. 食品工艺学实验[M]. 北京：中国农业出版社，2015.

[14] 隋继学，张一鸣. 速冻食品工艺学[M]. 北京：中国农业大学出版社，2015.

[15] 潘道东. 畜产食品工艺学实验指导[M]. 北京：科学出版社，2011.

[16] 李里特，江正强. 焙烤食品工艺学[M]. 北京：中国轻工业出版社，2010.

[17] 17. 都风华，谢春华. 软饮料工艺学[M]. 郑州：郑州大学出版社，2011.

[18] 18. 崔波. 饮料工艺学[M]. 北京：科学出版社，2014.

[19] 19. 张兰威. 发酵食品工艺学[M]. 北京：中国轻工业出版社，2011.

[20] 20. 张兰威. 发酵食品原理与技术[M]. 北京：科学出版社，2014.

附　录

附录 1　GB 19302—2010　食品安全国家标准 发酵乳

前　言

本标准对应于国际食品法典委员会（CAC）的标准 Codex Stan 243-2003（Revision 2008）Codex Standard for Fermented Milks，本标准与 Codex Stan 243-2003（Revision 2008）的一致性程度为非等效。

本标准代替 GB 19302—2003《酸乳卫生标准》和第 1 号修改单以及 GB 2746—1999《酸牛乳》中的部分指标，GB 2746—1999《酸牛乳》中涉及本标准的指标以本标准为准。

本标准与 GB 19302—2003 相比，主要变化如下：

——标准名称改为《发酵乳》；

——修改了"范围"的描述；

——明确了"术语和定义"；

——修改了"感官指标"；

——取消了脱脂、部分脱脂产品的脂肪要求；

——取消了风味发酵乳产品中非脂乳固体指标；

——取消了总固形物要求；

——"污染物限量"直接引用 GB 2762 的规定；

——"真菌毒素限量"直接引用 GB 2761 的规定；

——修改了"微生物指标"的表示方法；

——取消了致病菌中志贺氏菌的要求；

——修改了产品中乳酸菌数的要求；

——增加了对营养强化剂的要求。

本标准所代替标准的历次版本发布情况为：

——GB 19302—2003。

食品安全国家标准 发酵乳

1 范围

本标准适用于全脂、脱脂和部分脱脂发酵乳。

2 规范性引用文件

本标准中引用的文件对于本标准的应用是必不可少的。凡是注日期的引用文件，仅所注日期的版本适用于本标准。凡是不注日期的引用文件，其最新版本（包括所有的修改单）适用于本标准。

3 术语和定义

3.1 发酵乳 fermented milk

以生牛（羊）乳或乳粉为原料，经杀菌、发酵后制成的 pH 值降低的产品。

3.1.1 酸乳 yoghurt

以生牛（羊）乳或乳粉为原料，经杀菌、接种嗜热链球菌和保加利亚乳杆菌（德氏乳杆菌保加利亚亚种）发酵制成的产品。

3.2 风味发酵乳 flavored fermented milk

以 80%以上生牛（羊）乳或乳粉为原料，添加其它原料，经杀菌、发酵后 pH 值降低，发酵前或后添加或不添加食品添加剂、营养强化剂、果蔬、谷物等制成的产品。

3.2.1 风味酸乳 flavored yoghurt

以 80%以上生牛（羊）乳或乳粉为原料，添加其它原料，经杀菌、接种嗜热链球菌和保加利亚乳杆菌（德氏乳杆菌保加利亚亚种）发酵前或后添加或不添加食品添加剂、营养强化剂、果蔬、谷物等制成的产品。

4 指标要求

4.1 原料要求

4.1.1 生乳：应符合 GB 19301 规定。

4.1.2 其它原料：应符合相应安全标准和/或有关规定。

4.1.3 发酵菌种：保加利亚乳杆菌（德氏乳杆菌保加利亚亚种）、嗜热链球菌或其它由国务院卫生行政部门批准使用的菌种。

4.2 感官要求：应符合表 1 的规定。

表 1 感官要求

项 目	要 求		检验方法
	发酵乳	风味发酵乳	取适量试样置于 50 mL 烧杯中，在自然光下观察色泽和组织状态。闻其气味，用温开水漱口，品尝滋味
色泽	色泽均匀一致，呈乳白色或微黄色	具有与添加成分相符的色泽	
滋味、气味	具有发酵乳特有的滋味、气味	具有与添加成分相符的滋味和气味	
组织状态	组织细腻、均匀，允许有少量乳清析出；风味发酵乳具有添加成分特有的组织状态		

4.3 理化指标：应符合表 2 的规定。

表 2 理化指标

项 目	指 标		检验方法
	发酵乳	风味发酵乳	
脂肪 [a]/（g/100g） ≥	3.1	2.5	GB 5413.3
非脂乳固体/（g/100g） ≥	8.1	——	GB 5413.39
蛋白质/（g/100g） ≥	2.9	2.3	GB 5009.5
酸度/（^{0}T） ≥	70.0		GB 5413.34
[a] 仅适用于全脂产品			

4.4 污染物限量：应符合 GB 2762 的规定。

4.5 真菌毒素限量：应符合 GB 2761 的规定。

4.6 微生物限量：应符合表 3 的规定。

表 3 微生物限量

项 目	采样方案 [a] 及限量（若非指定，均以 CFU/g 或 CFU/mL 表示）				检验方法
	n	c	m	M	
大肠菌群	5	2	1	5	GB 4789.3 平板计数法
金黄色葡萄球菌	5	0	0/25 g（mL）	——	GB 4789.10 定性检验
沙门氏菌	5	0	0/25 g（mL）	——	GB 4789.4
酵母 ≤	100				GB 4789.15
霉菌 ≤	30				
[a] 样品的分析及处理按 GB 4789.1 和 GB 4789.18 执行					

4.7 乳酸菌数：应符合表4的规定。

表 4 乳酸菌数

项　　目	限量[CFU/g（mL）]	检验方法
乳酸菌数 ^a ≥	$1×10^6$	GB 4789.35
^a 发酵后经热处理的产品对乳酸菌数不作要求		

4.8 食品添加剂和营养强化剂

4.8.1 食品添加剂和营养强化剂质量应符合相应的安全标准和有关规定。

4.8.2 食品添加剂和营养强化剂的使用应符合 GB 2760 和 GB 14880 的规定。

5 其他

5.1 发酵后经热处理的产品应标识"××热处理发酵乳"、"××热处理风味发酵乳"、"××热处理酸乳/奶"或"××热处理风味酸乳/奶"。

5.2 全部用乳粉生产的产品应在产品名称紧邻部位标明"复原乳"或"复原奶"；在生牛（羊）乳中添加部分乳粉生产的产品应在产品名称紧邻部位标明"含××%复原乳"或"含××%复原奶"。

注："××%"是指所添加乳粉占产品中全乳固体的质量分数。

5.3 "复原乳"或"复原奶"与产品名称应标识在包装容器的同一主要展示版面；标识的"复原乳"或"复原奶"字样应醒目，其字号不小于产品名称的字号，字体高度不小于主要展示版面高度的五分之一。

附录2 GB 478935—2010 食品安全国家标准

食品微生物学检验 乳酸菌检验

前 言

本标准代替 GB/T 4789.35—2008《食品卫生微生物学检验 食品中乳酸菌检验》。

本标准与 GB/T 4789.35—2008 相比，主要变化如下：

——修改了乳酸菌总数、乳杆菌、双歧杆菌和嗜热链球菌的计数方法。

本标准的附录 A 为规范性附录。

本标准所代替标准的历次版本发布情况为：

——GB 4789.35—1996、GB/T 4789.35—2003、GB/T 4789.35—2008。

食品安全国家标准

食品微生物学检验 乳酸菌检验

1 范围

本标准规定了含乳酸菌食品中乳酸菌（lactic acid bacteria）的检验方法。

本标准适用于含活性乳酸菌的食品中乳酸菌的检验。

2 规范性引用文件

本标准中引用的文件对于本标准的应用是必不可少的。凡是注日期的引用文件，仅所注日期的版本适用于本标准。凡是不注日期的引用文件，其最新版本（包括所有的修改单）适用于本标准。

3 术语和定义

3.1 乳酸菌 lactic acid bacteria

一类可发酵糖主要产生大量乳酸的细菌的通称。本标准中乳酸菌主要为乳杆菌属（*Lactobacillus*）、双歧杆菌属（*Bifidobacterium*）和链球菌属（*Streptococcus*）。

4 设备和材料

除微生物实验室常规灭菌及培养设备外，其他设备和材料如下：

4.1 恒温培养箱：36 ℃±1 ℃。

4.2 冰箱：2 ℃~5 ℃。

4.3 均质器及无菌均质袋、均质杯或灭菌乳钵。

4.4　天平：感量 0.1 g。

4.5　无菌试管：18 mm×180 mm、15 mm×100 mm。

4.6　无菌吸管：1 mL（具 0.01 mL 刻度）、10 mL（具 0.1 mL 刻度）或微量移液器及吸头。

4.7　无菌锥形瓶：500 mL、250 mL。

5　培养基和试剂

5.1　MRS（Man Rogosa Sharpe）培养基及莫匹罗星锂盐（Li-Mupirocin）改良 MRS 培养基：见附录 A 中 A.1。

5.2　MC 培养基（Modified Chalmers 培养基）：见附录 A 中 A.2。

5.3　0.5%蔗糖发酵管：见附录 A 中 A.3。

5.4　0.5%纤维二糖发酵管：见附录 A 中 A.3。

5.5　0.5%麦芽糖发酵管：见附录 A 中 A.3。

5.6　0.5%甘露醇发酵管：见附录 A 中 A.3。

5.7　0.5%水杨苷发酵管：见附录 A 中 A.3。

5.8　0.5%山梨醇发酵管：见附录 A 中 A.3。

5.9　0.5%乳糖发酵管：见附录 A 中 A.3。

5.10　七叶苷发酵管：见附录 A 中 A.4。

5.11　革兰氏染色液：见附录 A 中 A.5。

5.12　莫匹罗星锂盐（Li-Mupirocin）：化学纯。

6　检验程序

乳酸菌检验程序见图 1。

7　操作步骤

7.1　样品制备

7.1.1　样品的全部制备过程均应遵循无菌操作程序。

7.1.2　冷冻样品可先使其在 2 ℃~5 ℃ 条件下解冻，时间不超过 18 h，也可在温度不超过 45 ℃ 的条件解冻，时间不超过 15 min。

7.1.3　固体和半固体食品：以无菌操作称取 25 g 样品，置于装有 225 mL 生理盐水的无菌均质杯内，于 8000 r/min~10000 r/min 均质 1 min~2 min，制成 1∶10 样品匀液；或置于 225 mL 生理盐水的无菌均质袋中，用拍击式均质器拍打 1 min~2 min 制成 1∶10 的样品匀液。

7.1.4　液体样品：液体样品应先将其充分摇匀后以无菌吸管吸取样品 25 mL 放入装有 225 mL 生理盐水的无菌锥形瓶（瓶内预置适当数量的无菌玻璃珠）中，充分振摇，制成 1∶10 的样品匀液。

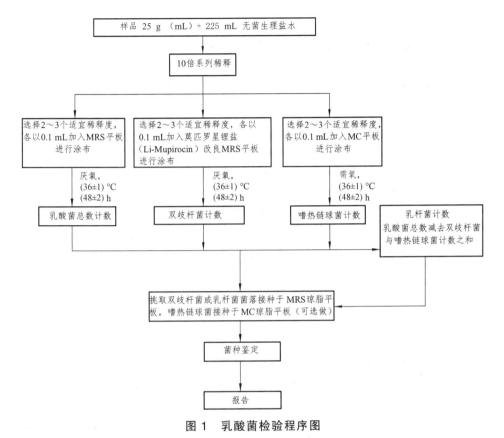

图 1 乳酸菌检验程序图

7.2 步骤

7.2.1 用 1 mL 无菌吸管或微量移液器吸取 1∶10 样品匀液 1 mL，沿管壁缓慢注于装有 9 mL 生理盐水的无菌试管中（注意吸管尖端不要触及稀释液），振摇试管或换用 1 支无菌吸管反复吹打使其混合均匀，制成 1∶100 的样品匀液。

7.2.2 另取 1 mL 无菌吸管或微量移液器吸头，按上述操作顺序，做 10 倍递增样品匀液，每递增稀释一次，即换用 1 次 1 mL 灭菌吸管或吸头。

7.2.3 乳酸菌计数

7.2.3.1 乳酸菌总数

根据待检样品活菌总数的估计，选择 2 个～3 个连续的适宜稀释度，每个稀释度吸取 0.1 mL 样品匀液分别置于 2 个 MRS 琼脂平板，使用 L 形棒进行表面涂布。36 ℃±1 ℃，厌氧培养 48 h±2 h 后计数平板上的所有菌落数。从样品稀释到平板涂布要求在 15 min 内完成。

7.2.3.2 双歧杆菌计数

根据对待检样品双歧杆菌含量的估计，选择 2 个 ~ 3 个连续的适宜稀释度，每个稀释度吸取 0.1 mL 样品匀液于莫匹罗星锂盐（Li-Mupirocin）改良 MRS 琼脂平板，使用灭菌 L 形棒进行表面涂布，每个稀释度作两个平板。36 °C±1 °C，厌氧培养 48 h±2 h 后计数平板上的所有菌落数。从样品稀释到平板涂布要求在 15 min 内完成。

7.2.3.3 嗜热链球菌计数

根据待检样品嗜热链球菌活菌数的估计，选择 2 个 ~ 3 个连续的适宜稀释度，每个稀释度吸取 0.1 mL 样品匀液分别置于 2 个 MC 琼脂平板，使用 L 形棒进行表面涂布。36 °C±1 °C，需氧培养 48 h±2 h 后计数。嗜热链球菌在 MC 琼脂平板上的菌落特征为：菌落中等偏小，边缘整齐光滑的红色菌落，直径 2 mm±1mm，菌落背面为粉红色。从样品稀释到平板涂布要求在 15 min 内完成。

7.2.3.4 乳杆菌计数

7.2.3.1 项乳酸菌总数结果减去 7.2.3.2 项双歧杆菌与 7.2.3.3 项嗜热链球菌计数结果之和即得乳杆菌计数。

7.3 菌落计数

可用肉眼观察，必要时用放大镜或菌落计数器，记录稀释倍数和相应的菌落数量。菌落计数以菌落形成单位（colony-forming units，CFU）表示。

7.3.1 选取菌落数在 30 CFU ~ 300 CFU 之间、无蔓延菌落生长的平板计数菌落总数。低于 30 CFU 的平板记录具体菌落数，大于 300 CFU 的可记录为多不可计。每个稀释度的菌落数应采用两个平板的平均数。

7.3.2 其中一个平板有较大片状菌落生长时，则不宜采用，而应以无片状菌落生长的平板作为该稀释度的菌落数；若片状菌落不到平板的一半，而其余一半中菌落分布又很均匀，即可计算半个平板后乘以 2，代表一个平板菌落数。

7.3.3 当平板上出现菌落间无明显界线的链状生长时，则将每条单链作为一个菌落计数。

7.4 结果的表述

7.4.1 若只有一个稀释度平板上的菌落数在适宜计数范围内，计算两个平板菌落数的平均值，再将平均值乘以相应稀释倍数，作为每 g（mL）中菌落总数结果。

7.4.2 若有两个连续稀释度的平板菌落数在适宜计数范围内时，按公式（1）计算：

$$N = \frac{\sum C}{(n_1 + 0.1n_2)d} \tag{1}$$

式中：

N——样品中菌落数；

$\sum C$——平板（含适宜范围菌落数的平板）菌落数之和；

n_1——第一稀释度（低稀释倍数）平板个数；

n_2——第二稀释度（高稀释倍数）平板个数；

d——稀释因子（第一稀释度）。

7.4.3 若所有稀释度的平板上菌落数均大于 300 CFU，则对稀释度最高的平板进行计数，其他平板可记录为多不可计，结果按平均菌落数乘以最高稀释倍数计算。

7.4.4 若所有稀释度的平板菌落数均小于 30 CFU，则应按稀释度最低的平均菌落数乘以稀释倍数计算。

7.4.5 若所有稀释度（包括液体样品原液）平板均无菌落生长，则以小于 1 乘以最低稀释倍数计算。

7.4.6 若所有稀释度的平板菌落数均不在 30 CFU ~ 300 CFU 之间，其中一部分小于 30 CFU 或大于 300CFU 时，则以最接近 30 CFU 或 300 CFU 的平均菌落数乘以稀释倍数计算。

7.5 菌落数的报告

7.5.1 菌落数小于 100 CFU 时，按"四舍五入"原则修约，以整数报告。

7.5.2 菌落数大于或等于 100 CFU 时，第 3 位数字采用"四舍五入"原则修约后，取前 2 位数字，后面用 0 代替位数；也可用 10 的指数形式来表示，按"四舍五入"原则修约后，采用两位有效数字。

7.5.3 称重取样以 CFU/g 为单位报告，体积取样以 CFU/mL 为单位报告。

8 结果与报告

根据菌落计数结果出具报告，报告单位以 CFU/g（mL）表示。

9 乳酸菌的鉴定（可选做）

9.1 纯培养

挑取 3 个或以上单个菌落，嗜热链球菌接种于 MC 琼脂平板，乳杆菌属接种于 MRS 琼脂平板，置 36 ℃±1 ℃厌氧培养 48 h。

9.2 鉴定

9.2.1 双歧杆菌的鉴定按 GB/T 4789.34 的规定操作。

9.2.2 涂片镜检：乳杆菌属菌体形态多样，呈长杆状、弯曲杆状或短杆状。

无芽孢，革兰氏染色阳性。嗜热链球菌菌体呈球形或球杆状，直径为 0.5 μm ~ 2.0 μm，成对或成链排列，无芽孢，革兰氏染色阳性。

9.2.3 乳酸菌菌种主要生化反应见表 1 和表 2。

表 1 常见乳杆菌属内种的碳水化合物反应

菌种	七叶苷	纤维二糖	麦芽糖	甘露醇	水杨苷	山梨醇	蔗糖	棉子糖
干酪乳杆菌干酪亚种（L.casei subsp. casei）	+	+	+	+	+	+	+	−
德氏乳杆菌保加利亚种（L.delbrueckii subsp. bulgaricus）	−	−	−	−	−	−	−	−
嗜酸乳杆菌（L.acidophilus）	+	+	+	−	+	−	+	d
罗伊氏乳杆菌（L.reuteri）	ND	−	+	−	−	−	+	+
鼠李糖乳杆菌（L.rhamnosus）	+	+	+	+	+	+	+	−
植物乳杆菌（L.plantarum）	+	+	+	+	+	+	+	+
注：+表示 90%以上菌株阳性；−表示 90%以上菌株阴性；d 表示 11%~89%菌株阳性；ND 表示未测定								

表 2 嗜热链球菌的主要生化反应

菌种	菊糖	乳糖	甘露醇	水杨苷	山梨醇	马尿酸	七叶苷
嗜热链球菌（S.thermophilus）	−	+	−	−	−	−	−
注：+表示 90%以上菌株阳性；−表示 90%以上菌株阴性							

附录 A

（规范性附录）

培养基及试剂

A.1 MRS 培养基

A.1.1 成分

蛋白胨 10.0 g，牛肉粉 5.0 g，酵母粉 4.0 g，葡萄糖 20.0 g，吐温 80 1.0 mL，$K_2HPO_4 \cdot 7H_2O$ 2.0 g，醋酸钠 $\cdot 3H_2O$ 5.0 g，柠檬酸三铵 2.0 g，$MgSO_4 \cdot 7H_2O$

0.2 g，$MnSO_4 \cdot 4H_2O$ 0.05 g，琼脂粉 15.0 g，pH6.2。

A.1.2　制法

将上述成分加入到 1000 mL 蒸馏水中，加热溶解，调节 pH，分装后 121 ℃ 高压灭菌 15 min～20 min。

A.1.3　莫匹罗星锂盐（Li-Mupirocin）改良 MRS 培养基

A.1.3.1　莫匹罗星锂盐（Li-Mupirocin）储备液制备：称取 50 mg 莫匹罗 星锂盐（Li-Mupirocin）加入到 50 mL 蒸馏水中，用 0.22 μm 微孔滤膜过滤除菌。

A.1.3.2　制法

将 A.1.1 成分加入到 950 mL 蒸馏水中，加热溶解，调节 pH，分装后于 121 ℃ 高压灭菌 15 min～20 min。临用时加热熔化琼脂，在水浴中冷至 48 ℃， 用带有 0.22 μm 微孔滤膜的注射器将莫匹罗星锂盐（Li-Mupirocin）储备液加 入到熔化琼脂中，使培养基中莫匹罗星锂盐（Li-Mupirocin）的浓度为 50 μg/mL。

A.2 MC　培养基

A.2.1　成分

大豆蛋白胨 5.0 g，牛肉粉 3.0 g，酵母粉 3.0 g，葡萄糖 20.0 g，乳糖 20.0 g， 碳酸钙 10.0 g，琼脂 15.0 g，蒸馏水 1 000 mL，1%中性红溶液 5.0 mL，pH6.0。

A.2.2　制法

将前面 7 种成分加入蒸馏水中，加热溶解，调节 pH，加入中性红溶液。 分装后 121 ℃ 高压灭菌 15 min～20 min。

A.3　乳酸杆菌糖发酵管

A.3.1　基础成分

牛肉膏 5.0 g，蛋白胨 5.0 g，酵母浸膏 5.0 g，吐温 80 0.5 mL，琼脂 1.5 g， 1.6%溴甲酚紫酒精溶液 1.4 mL，蒸馏水 1 000 mL。

A.3.2　制法

按 0.5%加入所需糖类，并分装小试管，121 ℃ 高压灭菌 15 min～20 min。

A.4　七叶苷发酵管

A.4.1　成分

蛋白胨 5.0 g，磷酸氢二钾 1.0 g，七叶苷 3.0 g，柠檬酸铁 0.5 g，1.6%溴 甲酚紫酒精溶液 1.4 mL，蒸馏水 100 mL。

A.4.2　制法

将上述成分加入蒸馏水中，加热溶解，121 ℃ 高压灭菌 15 min～20 min。

A.5　革兰氏染色液

A.5.1　结晶紫染色液

A.5.1.1　成分

结晶紫 1.0 g，95%乙醇 20 mL，1%草酸铵水溶液 80 mL。

A.5.1.2　制法

将结晶紫完全溶解于乙醇中，然后与草酸铵溶液混合。

A.5.2　革兰氏碘液

A.5.2.1　成分

碘 1.0 g，碘化钾 2.0 g，蒸馏水 300 mL。

A.5.2.2　制法

将碘与碘化钾先进行混合，加入蒸馏水少许，充分振摇，待完全溶解后，再加蒸馏水至 300 mL。

A.5.3　沙黄复染液

A.5.3.1　成分

沙黄 0.25 g，95%乙醇 10 mL，蒸馏水 90 mL。

A.5.3.2　制法

将沙黄溶解于乙醇中，然后用蒸馏水稀释。

A.5.4　染色法

A.5.4.1　将涂片在酒精灯火焰上固定，滴加结晶紫染色液，染 1 min，水洗。

A.5.4.2　滴加革兰氏碘液，作用 1 min，水洗。

A.5.4.3　滴加 95%乙醇脱色，约 15 s～30 s，直至染色液被洗掉，不要过分脱色，水洗。

A.5.4.4　滴加复染液，复染 1 min。水洗、待干、镜检。

附录 3　GB/T 5009.56—2003　糕点卫生标准的分析方法

前 言

本标准代替 GB/T 5009.56—1996《糕点卫生标准的分析方法》。

本标准与 GB/T 5009.56—1996 相比主要修改如下：

——按照 GB/T 20001.4—2001《标准编写规则第 4 部分：化学分析方法》对原标准的结构进行了修改 。

本标准由中华人民共和国卫生部提出并归口。

本标准由北京市卫生防疫站负责起草。

本标准于 1985 年首次发布，1996 年第一次修订，本次为第二次修订。

糕点卫生标准的分析方法

1　范围

本标准规定了以面、糖、油、蛋及其他辅料为原料，经焙烤、蒸炸等加工制成的糕点、饼干、面包等的各项卫生指标的分析方法。

本标准适用于以面、糖、油、蛋及其他辅料为原料，经焙烤、蒸炸等加工制成的各种糕点、饼干、面包等的各项卫生指标的分析。

2　规范性引用文件

下列文件中的条款通过本标准的引用而成为本标准的条款。凡是注日期的引用文件，其随后所有的修改单（不包括勘误的内容）或修订版均不适用于本标准，然而，鼓励根据本标准达成协议的各方研究是否可使用这些文件的最新版本。凡是不注日期的引用文件，其最新版本适用于本标准。

GB/T 5009.3 食品中水分的测定

GB/T 5009.11 食品中总砷和无机砷的测定

GB/T 5009.12 食品中铅的测定

GB/T 5009.22 食品中黄曲霉毒素 B_1 的测定

GB/T 5009.29 食品中山梨酸、苯甲酸的测定

GB/T 5009.30 食品中叔丁基羟基茴香醚（BHA）和 2, 6-二叔丁基对甲酚（BHT）的测定

GB/T 5009.35 食品中合成着色剂的测定

GB/T 5009.37 食用植物油卫生标准的分析方法

GB 7099 糕点、面包卫生标准

GB 7100 饼干卫生标准

3 感官检查

3.1 取两块以上试样切开后观察，应具有各种糕点正常的色泽，不得有霉变及其他外来污染物。

3.2 取切开试样尝其味，不得有酸败、油哈等异味。

应符合 GB 7099 和 GB 7100 的规定。

4 理化检验

4.1 取样方法

称取 0.5 kg 含油脂较多的试样，面包、饼干等含脂肪少的试样取 1.0 kg，然后用对角线取四分之二或六分之二或根据试样情况取有代表性试样，在玻璃乳钵中研碎，混合均匀后放置广口瓶内保存于冰箱中。

4.2 试样处理

4.2.1 含油脂高的试样，如桃酥等：称取混合均匀的试样 50 g，置于 250 mL 具塞锥形瓶中，加 50 mL 石油醚（沸程：30 ℃～60 ℃），放置过夜，用快速滤纸过滤后，减压回收溶剂，得到油脂供测定酸价、过氧化值用。

4.2.2 含油脂中等的试样，如蛋糕、江米条等：称取混合均匀后的试样 100 g 左右，置于 500 mL 具塞锥形瓶中，加 100 mL～200 mL 石油醚，以下按 4.2.1 自"放置过夜"起依法操作。

4.2.3 含油脂少的试样，如面包、饼干等：称取混合均匀后的试样 250 g-300 g 于 500 mL 具塞锥形瓶中，加入适量石油醚浸泡试样，以下按 4.2.1 自"放置过夜"起依法操作。

4.3 酸价

按 GB/T 5009.37 操作。

如油脂量少时，可改用氢氧化钾标准滴定溶液[c(KOH)=0.0500 mol/L]滴定。

如无氢氧化钾标准溶液，改用氢氧化钠溶液滴定时，系数仍乘 56.11。

4.4 过氧化值

按 GB/T 5009.37 操作。

4.5 水分

按 GB/T 5009.3 操作

4.6 砷

按 GB/T 5009.11 操作。

4.7 铅

按 GB/T 5009.12 操作。

4.8 黄曲霉毒素 B_1

按 GB/T 5009.22 操作

4.9　食品添加剂

4.9.1　防腐剂

按 GB/T 5009.29 操作。

4.9.2　抗氧化剂

按 GB/T 5009.30 操作。

4.9.3　着色剂

按 GB/T 5009.35 操作。